全国重点推广水产
养 殖 技 术

全国水产技术推广总站 组编

中国农业出版社

北 京

本书编委会

主　编：何建湘　李明爽

副主编：夏　芸　王祖峰　张婉婷

参　编（按姓氏笔画排序）：

丁　兰　于航盛　么宗利　贝亦江　尹立鹏　曲克明

吕永辉　刘燕飞　苏发顺　李坚明　来琦芳　吴　敏

何绪刚　张　龙　张国维　陈　钊　孟顺龙　胡　振

袁　圣　原居林　高　旭　郭传波　黄洪龙　常志强

蒋　军　翟旭亮　薛　洋　魏　涛

前 言

水产养殖业作为我国农业的重要组成部分，不仅是保障优质蛋白质供给的关键力量，更承载着乡村振兴与渔业可持续发展的重任。习近平总书记指出，"要根据本地的资源禀赋、产业基础、科研条件等，有选择地推动新产业、新模式、新动能发展，用新技术改造提升传统产业，积极促进产业高端化、智能化、绿色化"。在行业向绿色、高效、智能转型的当下，科技已然成为驱动产业革新的核心引擎，是破解资源约束、提升综合效益、增强国际竞争力的必由之路。

科技赋能水产养殖，正在重塑行业发展格局。从绿色养殖到尾水治理，从病害防控到智能管理，每一项技术突破都为产业注入新活力。生态健康养殖持续推进，绿色循环种养系统广泛关注，盐碱水绿色养殖拓展发展空间，大水面生态养殖备受青睐，实现"以渔净水、以水养鱼"的良性循环，有效化解产业发展与生态保护的矛盾；设施渔业养殖蓬勃发展，工厂化循环水养殖稳定高效，近海环保网箱和重力式深水网箱绿色生态，深远海桁架类网箱规模迅速扩大，不断提升水产养殖机械化和智能化水平；物联网、大数据等信息技术深度应用，让养殖管理告别经验依赖，走向精准化、智能化，显著降低生产风险。这些技术的推广应用，不仅推动我国水产养殖业从传统粗放型向现代集约型转变，更助力我国在全球水产养殖领域占据技术高地。

为充分发挥科技对渔业高质量发展和乡村产业振兴的支撑引领作用，加快先进适用技术示范推广，全国水产技术推广总站、中国水产学会面向全国遴选推介了一批先进适用水产养殖技术。这些技术聚焦设施水产养殖、拓展养殖空间、养殖尾水治理等，能够满足不同区域绿色发展、节本增效、健康养殖等多方面要求，具有较强的实用性和适用性。它们凝聚了科研和推广人员的智慧与养殖户的经验，是科技成果转化为现实生产力的生动体现。无论是探索生态养殖的新型主体，还是追求技术升级的传统从业者，都能从中汲取养分，找到适合自身发展的技术路径。希望本书能成为广大水产从业者的实用指南，推动先进技术在行业内普及，为我国水产养殖业高质量发展注入强劲动力，助力产业在科技浪潮中破浪前行，实现生态效益、经济效益与社会效益的共赢。

编　者

2025 年 5 月

目 录

CONTENTS

前言

低能耗循环水养殖关键技术

一、技术概述

（一）技术基本情况

我国是水产养殖大国，2023 年养殖产量达 5 809.61 万吨，已连续 30 多年保持世界第一，但仍面临生产模式粗放、资源利用率低等行业痛点问题。陆基工厂化循环水养殖凭借集约化程度高、环境可控等优点，已成为推动渔业强国建设和助力乡村振兴的重要引擎。近年来，随着《"十四五"全国渔业发展规划》《全国现代设施农业建设规划（2023—2030 年）》等文件出台，以生物技术和信息技术为特征的新一轮渔业科技革命深入推进，绿色、智能化养殖已成为实现水产养殖高质量发展的重要方向。

针对工厂化水处理设施设备成本高、耦合性差，养殖系统运行能耗高、稳定性差，净水、管控装备智能化程度低，对虾、海参循环水养殖模式缺乏等制约我国循环水养殖技术发展的突出问题，项目组历经 20 余年自主研发、联合攻关与集成创新，突破了循环水养殖关键技术瓶颈，研制出系列循环水水处理关键工程装备，构建了鱼类循环水高效养殖技术体系，实现了海水循环水养殖技术产业化，创建了对虾、海参循环水高效清洁养殖模式，有力支撑了工厂化养殖的绿色发展。

（二）技术示范推广情况

项目组深入贯彻落实农业农村部等 10 部委印发的《关于加快推进水产养殖业绿色发展的若干意见》文件精神，以水产绿色健康养殖技术推广"五大行动"为抓手，积极推广示范低能耗循环水养殖关键技术。目前，该技术已广泛应用于大规格苗种培育、海水和淡水近 40 种循环水养殖。近年来，在全国建立推广基地 30 余家，推广面积 80 余万米²，累计新增销售额 10 亿余元，新增利润超 3 亿元。应用项目成果企业数量占全国循环水养殖企业总数的 1/6，建设面积的 1/3，运行面积的 1/2，引领了我国循环水养殖的技术进步和发展。

（三）提质增效情况

采用自主研发的设施设备，构建的循环水高效清洁养殖系统具有造价低、运行能耗低、运行平稳等显著特点，水质指标达到：DO≥6 毫克/升，氨态氮≤0.15 毫克/升，亚硝态氮<0.02 毫克/升，COD<2 毫克/升；水循环利用率 95%，养殖鱼类单产 40 千克/米³，养殖成活率 96%；运行能耗仅为国内同类产品的 1/2、国外的 2/5。该技术提高了循环水养殖系统稳定性，降低了系统建设和运行成本，充分发挥了循环水养殖系统在高效、节水、节能方面的技术优势。构建的系统具有养殖密度高、生长速度快、饲料利用率高等显著特点，与传统流水养殖相比较，单位养殖产量提高了 3 倍以上，节地 66%，控温能耗降低 47%，可实现 95% 的养殖用水循环利用，经济效益总体提高 30% 以上，同时养殖水产品免药物使用、绿色无公害，有力推动了水产养殖的绿色发展。

二、技术要点

（一）水处理车间设计

水处理车间为单层结构，低拱形透光屋顶，屋梁下沿设计 PVC 扣板吊顶，并开 4 个采光中旋窗，屋顶和 PVC 吊顶之间留有一定的空气层。该屋顶结构具有抗风能力强、夏天隔热、冬天保温的优点。

水处理车间一般选在场区地形平坦的地方，室内地标高应与养殖车间地面标高齐平，并高于室外地面 30 厘米。一次提水能使水自流进养鱼车间的鱼池，鱼池排放的水能自流回水处理车间循环泵的集水池。车间平面面积应根据养鱼场规模确定，一般车间单跨宽度大于 18 米，长度不大于 80 米。为了防止不均匀载荷引起局部下沉，地面上应浇筑 15 厘米厚的钢筋混凝土。车间周围外墙的块石基础上部及低拱梁的下沿应浇筑钢筋混凝围梁，车间四角及墙壁每隔 5～6 米应设钢筋混凝土立柱，立柱与上下围梁构成框架。框架内砌机砖，内外墙用水泥砂浆抹面。

车间屋梁可采用型钢焊接成低拱轻型钢梁，并用预埋螺栓固定在围梁上。低拱屋顶一般采用木质檩条，檩条用螺栓固定在低拱钢梁上，透光屋面材料可用螺栓固定在檩条上。透光屋面材料种类主要包括玻璃钢采光板、玻璃钢波纹板、聚酰胺类等高强度透光材料，其中聚酰胺材料透光率在 85% 以上，可在 $-60\sim120℃$ 的温度范围内使用。不透光屋顶则可采用钢板夹芯保温板、软性保温材料等。

水处理系统中的综合生物滤池可采用加隔墙方式分成独立的生物滤池室，与其他水处理设备分开。综合生物滤池要采用透光屋顶，同时在室内低拱梁下沿设置具有调光、保温、隔热作用的天幕等设施，利用手动滑轮或电动启闭机于白天拉开接受阳光、晚上闭合保温。当夏天中午阳光很强时，闭合天幕调光、隔热。

（二）水处理车间工艺流程

海水循环水水处理车间的水处理工艺应根据建场投资、土地、海区取水的水质、养殖品种、各种水处理设施设备的功能和特点及养殖尾水处理等情况，通过综合分析确定最佳工艺流程。水处理车间主要功能设施设备由固体颗粒物分离、生物净化、消毒杀菌、脱气、增氧和控温六部分组成。

固体颗粒物分离由弧形筛（过滤直径 $\geqslant70$ 微米的固体颗粒物）、气浮池（分离直径 $\leqslant20$ 微米的固体颗粒物和水中的黏性物质）和生物净化池（去除直径 $\geqslant20$ 微米的固体颗粒物和溶解性有机物）三部分共同完成。固定床生物净化池以立体弹性填料为附着基。消毒杀菌采用紫外消毒与臭氧消毒协同进行。脱气由气浮、生物净化池曝气、微孔曝气池和增氧池四部分共同完成。增氧采用气水对流方式，氧源为液态氧。控温保温由保温车间、水源热泵和余热回收装置共同完成。通过对蛋白质泡沫分离器、高效溶氧器与脱气塔等主要水处理设备的设施化改造，以弧形筛替代微滤机、以气浮泵替代蛋白质泡沫分离器、以纳米增氧板替代高效溶氧器，优化了生物滤池结构，强化了生物滤池排污功能，增设了脱气池，不但大幅降低了系统造价与运行能耗，而且有效地提高了水处理能力和系统运行的平稳性、可操作性，具有造价低、运行能耗低、功能完善、操作管理简单、运行平稳等显著特点。

（三）水处理车间工艺布置

1. 平面布置

在有利于管道敷设、方便操作管理的前提下，设施设备相互之间的位置应尽量紧凑布置，以减少占地面积；每套独立的水处理系统宜采用循环水泵一次提水、工艺流程自动运行的方式；尽量降低设施设备之间的水头损失，以降低循环水泵的扬程。

生物滤池一般设计为长方形分段流水滤池，长宽比为（6～8）：1。一跨水处理车间一般布置2～4个独立分段流水滤池。滤池在水处理系统中要布置在高位，除净化、调控水质外，兼具高位水池功能，这样布置便于一次提水系统自流运行，可减少能耗。对于较大规模的养鱼场，综合生物滤池或一般生物滤池，可布置在一跨或几跨车间内成为独立的生物过滤车间，其他水处理设施设备布置在另外的车间内。对于一般规模的养鱼场，在一跨水处理车间内一部分布置生物滤池，另一部分布置其他水处理设施设备。

水处理车间的其他主要设施有微滤机低位池、循环水泵室、渠道式紫外线消毒池、调温池、车间工作室、化验监测室。水处理设备（图1）主要有微滤机、快速砂滤罐、蛋白质分离器、管道溶氧器等。水处理车间的设施设备布置：在车间宽度的中部纵向布置宽不小于1.2米的排水沟，沟顶铺设盖板与地面齐平，将车间分成两部分，渠道式紫外线消毒池、调温池及管道溶氧器布置成一排；其他设备布置在另一排。车间工作室及化验监测室的面积均可为8～10米²，一般布置在车间的中部。若设制氧机、制冷机及液氧罐，应在水处理车间外一定距离内单独设置。水处理设施设备车间的屋顶一般不需采光，可设计为低拱保温型屋顶或钢板夹芯保温板屋顶，并利用窗户采光；但布置综合生物滤池的车间应采用透光屋顶。

2. 水处理车间设施设备高程确定

设施设备标高合理确定的原则：在一次性提水的前提下，达到养鱼车间鱼池排出的水能通畅地自流回水处理车间循环泵低位池；水处理车间各设施设备的水能梯次自流进养鱼车间的鱼池；尽量减少循环水泵的扬程、节约能源。

水处理设备地面高程应与养殖车间的地面高程齐平，为设计方便，一般确定地面相对标高为+0.00米。鲆鲽类养殖池有效水深为0.6～0.8米，鱼池最高水面距室内地坪的标程差应不小于0.4米，可采用PVC管输水，管道敷设

图 1　工厂化循环水水处理设备

坡度为 0.5%～1.0%，养殖池排水能顺畅地自流回水处理车间。水处理车间调温池最高水面高程距地面高程差应不小于 1.5 米，以确保调温池的水能自流进管道溶氧器及养鱼池的高位进水口。水处理车间的综合生物滤池或生物滤池面积较大，一般设计为地上池，有效水深不小于 2.0 米。生物滤池的出水方式多采用溢流堰，使池内高水位距室内地坪的标高不小于 2.0 米，以确保生物滤池的水能自流进紫外线消毒池。紫外线消毒池采用高位出水，水能自流进调温池，调温池采用溢流出水，确保池内有较高的水位。

（四）管控系统提升

根据生产需要，该技术可集成水质在线监测系统、室内视频监控系统、自动投饵系统、水处理设备管控系统和绿色产品质量追溯系统，可节省人力，减少人员操作污染，并可提升企业自动化、智能化管理水平。

三、适宜区域

该技术适用区域范围广，根据养殖品种对环境的需求和区域差异，可设计适应于不同养殖品种、不同养殖阶段的陆基工厂化循环水养殖系统工艺。从北方黑龙江到南方海南，从东部辽宁到西部西藏都有循环水养殖成功的应用案例，养殖品种包括鲆鲽类、鲑鳟类、石斑鱼、大口黑鲈、鳜、墨瑞鳕、星康吉鳗、许氏平鲉、红鳍东方鲀（图2）、美国红鱼、珍珠龙胆石斑、黄姑鱼、南美白对虾、海参、海马等近 40 种（图3）。

图 2 工厂化循环水养殖红鳍东方鲀

图 3 工厂化循环水育苗

四、注意事项

(一)双循环养殖系统

对于育种、育苗等水质要求较高的循环水系统可采用内、外双循环的系统工艺。养殖车间内循环系统包含固体颗粒物去除、生物净化、增氧、脱气、消毒杀菌和温度调控等水处理设备;外循环系统包含快速沉淀、生物修复、蛋白分离等水处理手段。经过双循环处理后综合水利用率达到95%以上,在节约养殖用水和控温能耗的同时,可有效减少外源水中病原菌的侵害风险,为高效健康养殖提供保障。

（二）鱼类高效智能养殖模式

根据不同鱼类及其不同生长阶段、养殖规模对循环水高效养殖工艺及智能化配套需求的差异，应聘请专业技术人员指导养殖系统的工艺设计和构建。

（三）对虾高效清洁养殖模式

对虾高效清洁养殖模式需采用专用回水装置、虾壳与死虾快速去除装置，以防止虾壳和死虾阻塞水处理系统。

（四）海参高效清洁养殖模式

海参高效清洁养殖模式应用了一种海参工厂化循环水养殖自清洁附着装置，以实现海参粪便的自动清洗功能。

陆基圆池循环水养殖技术

一、技术概述

　　针对当前传统的网箱养殖被取缔，养殖空间萎缩；池塘养殖设施装备落后，养殖效率低；养殖尾水处理难度大等问题，亟须创新水产养殖模式，研发出一系列不受地形地势限制、资源节约、环境友好，又高质高效地满足现代渔业发展要求的绿色健康养殖技术模式并加以示范推广。该技术以加快推进水产养殖业绿色发展为总纲，以提升水产养殖设施化、智能化水平为主线，聚集养殖设施装备落后、养殖尾水处理难度大等薄弱环节，开展了陆基圆池养殖系统研发、适养品种筛选、水质调控和养殖尾水处理等技术攻关，创建了陆基圆池循环水养殖技术，实现了可因地制宜、高产、高效、优质发展养殖，以及养殖尾水循环利用或达标排放的目标，为我国水产养殖业转型升级和绿色高质量发展提供了技术支撑。目前在全国建立了陆基圆池循环水养殖示范研发基地 10 个，示范基地陆基圆池总体积 64 735 米^3，其中2021—2024 年在示范基地开展大口黑鲈、斑点叉尾鲴、黄颡鱼和乌鳢等不同鱼类养殖试验，经专家现场查定测产估算，平均产量 36.6 千克/米^3，累积总产量 4 169.83 吨，新增产值 4 617.08 万元，新增利润 941.34 万元。该技术已在广西、湖北、贵州等 24 省（自治区）进行示范推广应用，指导建设陆基圆池 4.6 万个，总养殖水体 276 万米^3，总产量 8.2 万吨，经济、社会、生态效益显著。

二、技术要点

（一）陆基圆池养殖场建设及规格参数

（1）陆基圆池养殖建场场所要选择交通、电力等公共基础设施完善和水源丰富且附近没有污染的场地。陆基圆池养殖车间、进排水、尾水处理设施要有一定落差，以实现节能减排要求。

（2）陆基圆池养殖系统由陆基圆形养殖池、循环水处理系统、增氧设备、排水（污）系统、进水系统组成。

（3）圆形养殖池（图1）直径6～20米，深度1.2～2.3米，径深比（3～6）：1，圆形池主体可采用镀锌钢板＋刀刮布或聚丙烯（PP）板或砖混结构等。圆形养殖池底部朝中央向下倾斜6°～10°，池底浇筑10～15厘米厚的水泥砂浆，形成漏斗式的底面，便于固体废弃物在"茶杯效应"下集中沉淀在池底中心位置，然后通过虹吸作用排出养殖池。陆基高位圆形池可以设置中间排污管和底部排污设施，实现中上层水和底污分类排放。

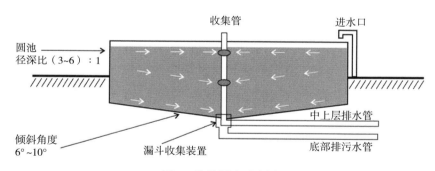

图1 陆基圆池示意图

（4）养殖圆池之间预留1米以上间隔，养殖圆池排与排之间建设3米以上运输通道（图2）。

（5）增氧设备供氧能满足全场各池水溶解氧持续达到并保持6毫克/升以上的要求，并且配备备用供气机组。采用推水增氧装置，增氧的同时推动池水流动不额外需要动能，起到池水氧气均匀和集污的双重效果（图3）。

（二）陆基圆池循环水养殖日常管理技术

1. 陆基圆池养殖的水质调控

陆基圆池循环养殖水体要定时进行水质监测，根据监测结果通过注入新水

图 2 陆基圆池养殖车间

图 3 推水增氧设施

等生物和物理等方式进行水质调控，以营造最适合水产动物生长的养殖环境。养殖水体维持 20～30 厘米/秒流速，确保固体废弃物集中在底部集污口，投饲结束 1.5 小时后进行底部排污，确保养殖动物排泄物和饲料残渣及时移除养殖池，减轻水质调控成本和提高效率。

2. 陆基圆池循环水养殖投饲管理

陆基圆池循环水养殖日常投饲技术包括饲料种类选择、投饲量调整、投饲频率调节以及投饲方法等。根据不同养殖水产动物选择营养成分、颗粒大小等适合的饲料。根据养殖水产动物所处的生长阶段调整投饲率、投饲频率和投饲方法，以获得养殖水产动物的最佳生长速度、最高的饲料利用率。

3. 陆基圆池循环水养殖病害防控

通过水体消毒、水质调控、投喂中草药和复合维生素等方式进行病害预防，杀灭病原微生物、改善养殖环境、增强鱼体抵抗力。养殖动物出现病症要及时进行诊断，根据诊断结果采用正确的治疗方式。

（三）养殖尾水综合处理技术

根据养殖规模，配套建设与之相对应的养殖尾水处理设施，可采取"四池三坝一池塘"、种植莲藕、新型微滤机＋设施尾水处理系统等尾水处理模式，并定期检测处理后的尾水，根据检测结果进行养殖设施的调整和维护，以实现养殖尾水循环使用或达到排放标准。

种植莲藕养殖尾水资源化处理模式：实现"一水两用、一饲双收"，实现养殖尾水资源化利用，减少种植肥料使用量，增产杂食性和滤食性水产动物，饲料利用率提高 10％以上，配套种植的经济作物，每亩*减少 200～300 元肥料成本（图 4）。

图 4　陆基圆池种植莲藕基地

新型微滤机＋设施尾水处理模式：通过固液分离分类处理、生化处理等，养殖用水高效循环使用，达到养殖节地约 60％、节水约 80％、养殖固体废弃物移除率提高到 70％的目标（图 5）。

新型循环水养殖过滤消杀一体微滤设备：该设备具备耐酸碱、耐腐性、耐磨损、高滤透性、低耗能和过滤消杀一体等优点，通过实践应用，养殖尾水固

＊　亩为非法定计量单位，1 亩≈667 米²。

图 5 陆基圆池内循环养殖系统

体移除率高达 95％以上，解决陆基圆池水体易恶化、局部缺氧和水质调控成本高等问题（图 6）。

图 6 新型过滤消杀一体微滤设备

三、适宜区域

该技术适用于水域滩涂养殖规划确定的可养范围内。

四、注意事项

（一）养殖日常管理

养殖过程中要对陆基圆池养殖水质定期监测，当总氮、总磷、氨氮、亚硝酸盐等超过渔业养殖用水标准，特别是养殖水体溶解氧低于 4 毫克/升时，要采取紧急增氧措施。正常情况下，养殖水体溶解氧维持在 6 毫克/升以上。要配备备用发电机组和增氧设备。

（二）病虫害防治技术

陆基圆池循环水养殖属于小水体高密度养殖，出现病虫害如果不采取及时有效的措施，将会造成较大损失。因此要采取"预防为主，防治结合"方式进行疫病防控。早发现、早治疗，对症下药减少损失，降低养殖风险，提高产品品质。

水产绿色圈养技术

一、技术概述

水产绿色圈养技术是一种设施化清洁高效养殖技术，具有养殖水环境清洁、环境友好、病害发生率和药残低、养殖效率和机械化率高等显著特征，可广泛应用于精养池塘、湖泊、水库等各类养殖水体。

长期以来，水产养殖生产方式粗放，养殖机械化率仅约30%，劳动强度大，从业人员老龄化严重；水产设施化养殖装备和技术研究滞后于产业需求，病害发生机制不明、品质调控理论支撑不足，水产设施化养殖产量和品质提升困难、效益低。针对以上问题，在国家大力倡导水产养殖设施化转型升级之际，华中农业大学水产学院设施渔业研究团队从揭示病害发生的环境生态学机制和养殖产品品质形成机理入手，提出了有机质高效清除耦合草型清水态的养殖策略，研发了水产绿色"圈养"关键技术，创立了"圈养"技术体系，创制了"圈养"成套装备，形成了"圈养"模式（原理详见图1），实现了水产设施化养殖优质、高产、高效与生态并举。

池塘圈养的具体方式：将养殖池塘划分为养殖区、净化区和岸基尾水处理区。在养殖区设置圈养装备，并集成应用机械化投喂、增氧、捕捞、吸排污等各型养殖设施装备，实现高密度和高效率养殖，同时利用圈养装备高效率收集残饵、粪便等养殖废弃物至岸基尾水处理设施，经固形废弃物沉降与分离、上清液脱氮除磷等处理后回用或达标排放（图2），以实现池塘养殖的"零"或低排放；在净化区种植密刺苦草（*Vallisneria denseserrulata*）等沉水植物，营造草型清水态养殖水环境，以保障健康养殖；在岸基尾水处理

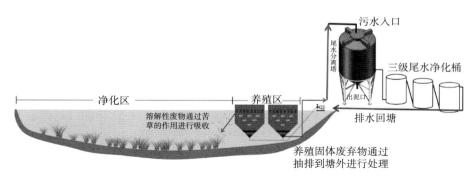

图1 池塘"零排放"圈养模式原理图

区设置由尾水沉淀塔和三级尾水净化系统组成的尾水处理设施,实时处理养殖尾水。

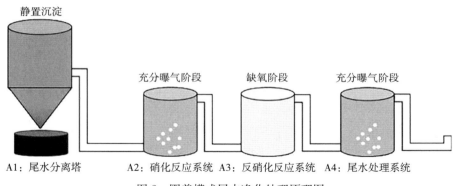

图2 圈养模式尾水净化处理原理图

湖泊、水库等大水面退出施肥投饵、"三网"养殖等精养方式后,存在着推行保水生态渔业的同时如何发展低污染的绿色精养模式等技术问题。圈养模式因具有高效率集排污和高效率尾水处理的环保特点和优势,若应用于湖泊、水库等大水面,并结合生态渔业净水手段,可充分发挥大水面水资源优势,大幅提升湖泊、水库等大水面的渔业经济和生态效益,助力渔民增产增收。

湖泊、水库等大水面圈养方式:在湖库避风、缓流区域设置圈养设施进行集约化高效养殖,圈养之外的水体开展"保水型"生态养殖。通过控制圈养强度,确保圈养饲料氮磷输入量<圈养产品鱼带出的氮磷量+圈养抽排和处理的氮磷量+生态渔业固定的氮磷量,实现"零污染"圈养。

水产绿色圈养技术已实现圈养装备生产和安装标准化，以及圈养技术标准化，养殖环境清洁稳定，产品质量提升显著；为推动水产养殖业设施化转型、高质量绿色发展提供有力支撑。

二、技术要点

（一）圈养成套设施简介

1. 圈养成套设施构成

1组圈养设施包含直径 4 米的圈养桶 4 个或直径 6 米的圈养桶 1 个、尾水分离塔 1 个以及圈养平台、三级尾水净化桶和相关进排水、增氧等辅助设备；2 个尾水分离塔宜共用 3 个尾水净化桶；多组设施宜共用增氧机、自吸泵等辅助设备。1组圈养设施设备清单见表 1。

表 1   1 组圈养设施清单

序号	设备名称	规格	数量/个（套）
1	圈养桶	直径 4 米，容积 30 米³	4（单个圈养桶有效养殖水体 22 米³）
		直径 6 米，容积 85 米³	1（单个圈养桶有效养殖水体 65 米³）
2	尾水分离塔	有效容积≥6 000 升	1
3	尾水净化桶	容积 1 000 升	3（多组组合时 2 个尾水塔宜共用 3 个尾水净化桶）
4	圈养平台	相邻圈养桶间距≥1 米	1
5	增氧管	主气管直径≥63 毫米	1
6	排污管	主水管直径 110 毫米	1
7	自吸泵	单机功率≥4 千瓦	1（直径 4 米的圈养桶可 2 个圈养桶同时排污，直径 6 米的圈养桶宜单个圈养桶排污）
8	增氧机	功率≥1.1 千瓦；罗茨鼓风机	1（按照每立方米圈养水体配备不低于 10 瓦功率来计算总的增氧机功率）

2. 主要设备性能指标及要求

主要设备性能指标及要求见表 2。

表 2 主要设备性能指标和要求

序号	设备名称	基本配置、材质、技术要求	备注
1	圈养桶	①圈养桶桶体材质为聚乙烯。直径 4 米的圈养桶规格（圆柱体外径×总高度）为 4 米×3.1 米，桶壁厚度不小于 5 毫米，有效容积不小于 30 米³；直径 6 米的圈养桶尺寸（圆柱体外径×总高度）为 6 米×4.1 米，桶壁厚度不小于 5 毫米，有效容积不小于 85 米³；加工原料应符合 GB/T 11115 的规定 ②桶体顶部有向外的折弯边，宽度不小于 2 厘米，用于固定圈养桶和增加抗变形能力，距离顶部 40～80 厘米高度范围内有均匀分布的圆孔，孔径 1.0～1.5 厘米，数量不小于 3 200 个 ③桶体底部为圆锥形，锥高不小于 1 米，圆锥体底部设聚乙烯（PE）排污管（DN75，壁厚不小于 4.5 毫米），圆锥体与圆柱体交汇处设防逃网，网具采用锦纶（PA）无结节网片或热浸镀锌处理的钢丝网片制成，圆片状，网片目脚长度 10～15 毫米，网片应符合 GB/T 18673 的规定 ④配件包含圈养桶桶体合缝用 30 毫米×4 毫米角钢、圈养桶支架（DN20 热镀锌管，直径 4 000 毫米）等，配件材质应不低于 GB/T 700—2006 中 Q235 的规定，镀锌质量符合 GB/T 13912 的要求	外径和总高度允许变化范围为±2%
2	尾水分离塔	①桶体材质为 PE，有效容积≥6 米³，底部为锥形，锥高≥0.7 米；加工原料应符合 GB/T 11115 的规定 ②由尾水分离塔支架进行支撑，保证离地高度不低于 0.7 米，满足出水和泄污需求 ③塔顶部设入水口，塔底部设固形废弃物排污口，桶身近锥形端设置有上清液出水口	
3	尾水净化桶	①PE 材料，尺寸（外径×高度）为 1 米×1.3 米，有效容积≥1 000 升；加工原料应符合 GB/T 11115 的规定。内置生物毛刷、火山石（厚 30 厘米）等微生物附着基质 ②采用下进水、上排水方式；3 个尾水净化桶组成 1 套三级尾水处理系统，可净化处理 1～2 个尾水分离塔的上清液	

（续）

序号	设备名称		基本配置、材质、技术要求	备注
4	固定式平台	支撑立柱	①立柱采用热镀锌圆管制作，直径4米的圈养桶平台立柱高3.0米，直径6米的圈养桶平台立柱高4.0米；斜支撑采用30毫米×3毫米热镀锌角钢制作，长度不小于760毫米； ②平台框架采用双立柱竖向支撑，立柱布置间距不大于2 500毫米×2 500毫米；立柱顶端侧面加双向斜支撑；配斜撑，与立柱呈45°夹角，斜撑与平台框架栓接 ③平台四个直角处，采用斜向钢管与支撑钢管斜向固定	钢材材质应不低于GB/T 700—2006中Q235的规定，镀锌质量符合GB/T 13912的要求
5		平台框架	①采用40毫米×5毫米角钢预先焊制为1米×4米（直径4米的圈养桶平台用）或1米×3米（直径6米的圈养桶平台用），以及1米×1米两种规格的矩形框架，热浸镀锌处理 ②框架之间、框架与竖向立柱之间镀锌或不锈钢螺栓连接	
6		钢格栅	①1米×1米、1米×2米以及1.65米×1.65米异形钢格栅（直径4米的圈养桶平台用）或2.40米×2.40米异形钢格栅（直径6米的圈养桶平台用）三种形式；钢格栅由钢带（宽度×厚度，20毫米×3毫米）焊接而成，间隙宽度×长度为40毫米×100毫米，热浸镀锌处理 ②钢格栅铺设在平台框架表面	
7	浮式平台	浮筒	①材料为PE，加工原料应符合GB/T 11115的规定 ②两种主体组件，注塑成型，正方形浮筒尺寸（长×宽×厚）为500毫米×500毫米×300毫米，筒壁厚度不小于4毫米；等腰直角三角形中空浮板，边长500毫米，厚度不小于30毫米，筒壁厚度不小于4毫米；浮筒和浮板表面设防滑花纹，并注塑有不同高度的挂耳 ③正方形浮筒拼接组成浮式平台的通道，圈养桶之间间距不小于1米；圈养桶与护栏之间间距不小于1米 ④平台四周用铁锚固定于养殖水体底部，或用钢缆或绳索固定于岸边	
8	栈桥		做法同圈养平台。固定式平台栈桥长度不小于8米，宽度不小于2米；浮式平台栈桥长度不小于10米，宽度不小于3米	

（续）

序号	设备名称	基本配置、材质、技术要求	备注
9	供氧管路	①导气管材质为 PE，管规格与增氧机相匹配，热熔连接 ②纳米微孔增氧管材质为橡胶，规格（外径×壁厚）不小于 16 毫米×10 毫米；质量符合 HJ/T 252 的规定。微孔曝气管首尾插接形成环状，固定在防逃网上方 ③管路及管件符合 GB/T 13663 的要求	
10	排污管路	①圈养桶底部排污管直径 75 毫米 ②相邻 2 个养殖桶排污支管汇流到直径 110 毫米的 PVC-U 或 PE 主排污管 ③多套圈养设施宜共用排污管道	PVC-U 管道及管件应符合 GB/T 4219 的规定；PE 管材应符合 GB/T 13663.1 的规定
11	增氧机	①按每立方米有效圈养水体增氧机功率≥10 瓦计算总的必备增氧机功率；多套圈养设施宜共用增氧机 ②有备用增氧机，功率与必备增氧机相同，数量为必备增氧机的 1 倍 ③宜选用罗茨鼓风机	质量应符合 JB/T 8941.1 及 JB/T 8941.2 的规定
12	自吸泵	①单机功率≥4 千瓦；数量≥1 ②自吸泵出水端应有清水回流管和上塔污水管 ③多套圈养设施宜共用自吸泵	质量应符合 JB/T 6664 的规定

（二）圈养成套设施建设

1. 圈养强度控制及环境要求

池塘：每亩水面至多安装 1 组圈养系统。池塘面积宜大于 5 亩，圈养设施安装区域水深 3～4 米（直径 4 米的圈养桶要求水深 3 米，直径 6 米的圈养桶要求水深 4 米），其余区域水深 1.5～2 米。池底种植密刺苦草，圈养池塘要求不渗水、漏水，淤泥厚度宜小于 20 厘米。池埂配置一定面积的硬化区，便于安装尾水净化处理设施。

湖库等大水面：每 10 亩水面安装 1 组圈养系统。圈养区域水深稳定在 5 米以上，且避风、向阳、缓流（水体流速≤0.05 米/秒）。

2. 平面布置

依据圈养水体地形地貌等条件，因地制宜布置成单排或多排等结构形式。图 3 示意了一个圈养池塘 3 组直径 4 米的圈养成套设施的一种固定式多排布置方案，圈养桶桶口高于圈养平台 10 厘米。

圈养桶下部圆锥体由集污漏斗、排污管道和自吸泵组成。集污漏斗下端与

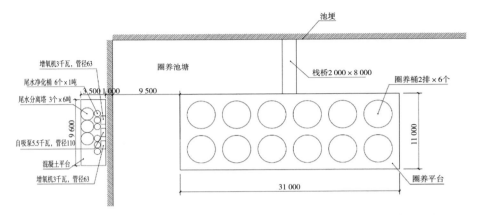

图 3　3组固定式直径4米圈养成套设施2×6平面布置方案图（长度单位：毫米）

排污管道相连，从圈养桶的下端延伸至平台或堤岸上，与自吸泵相连。直径 4 米的圈养设施集排污系统连接示意如图 4 所示。

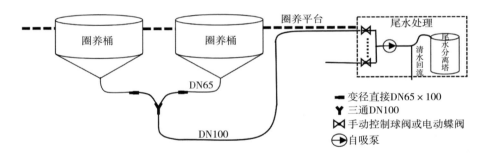

图 4　集排污系统示意图

　　尾水净化处理系统包括尾水分离塔与尾水净化桶，配以支撑框架和连接管道等。池塘用陆基固定式尾水分离塔与尾水净化桶的连接示意如图 5 所示。圈养桶底的污水经自吸泵抽入尾水分离塔，固体废弃物下沉到尾水分离塔下部锥形结构底部，收集后用于后续资源化再利用；去除固形废弃物后的上清液经三级尾水净化桶（定期清洗），采用硝化-反硝化-硝化等多种工艺脱氮除磷，处理达标后回用或排放。

3. 圈养平台

　　圈养平台分为固定式和浮式两种（表2）。

　　固定式平台由支撑立柱、平台框架和钢制格栅组成，适用于水位稳定的圈养场景。安装步骤见图6。

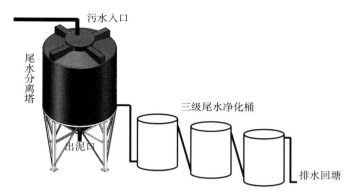

图 5 池塘用陆基固定式尾水分离塔和尾水净化桶的连接示意图

浮式平台由浮筒拼接而成，适用于水位波动大的圈养场景。

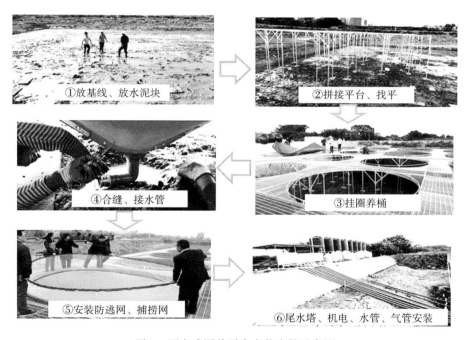

图 6 固定式圈养平台安装步骤示意图

（三）清洁、稳定水环境构建

1. 沉水植物种植

圈养池塘须种植沉水植物，首选密刺苦草，其次选种喜荫的沉水植物。种植面积为池塘面积的 30%～40%。可移栽或播种。

湖库等大水面圈养尾水净化区域，宜种植吸污能力强的水生植物，如密刺苦草、水蕹菜、水葫芦等，可用围栏、围隔等形式种植。

2. 放养滤食性鱼类

圈养池塘应放养鲢、鳙等滤食性鱼类，放养密度为 $100\sim150$ 尾/亩，鲢：鳙 $=1$：（$3\sim4$），规格 $150\sim200$ 克/尾。湖库等大水面下，须按照圈养产污系数，结合原有的大水面鱼产力，制定适宜的生态渔业养殖方案，实现圈养零污染。

（四）适宜圈养对象选择

圈养对象宜选择经济价格较高的商品鱼或规格鱼种，如鲈、鳜、鲇、鲍、鳢等名优鱼类，出塘体重不超过 1.5 千克的，可选择直径 4 米的圈养桶；超过 1.5 千克的，可选择直径 6 米的圈养桶。也可将圈养设施作为前置仓库使用，方便商品鱼均衡上市，并进行暂养提升商品鱼品质。

（五）放养密度

不同养殖对象的圈养密度各不相同。具体养殖对象的圈养密度可根据有限空间生物量增长模型 $dB/dt=r_{\mathrm{m}}B$（$1-B/K$）推算。式中，dB/dt 为生物量瞬时增长率，r_{m} 为内禀增长率（即生物量内在最大增长速率），B 为养殖对象生物量，K 为环境容量，（$1-B/K$）为剩余空间。

当生物量逼近养殖容量（K）时，生物量瞬时增长率逼近于零；当生物量处于 $1/2K$ 时，生物量瞬时增长率最大，求解单个设施化养殖装备养殖容量近似值（K_{m}）并进行生产性检验。建立高速增长为前提的单个养殖装备合理放养密度（N）求解公式：$N=$（$1/2K_{\mathrm{m}}$）$\div$ 养成规格 $\div$ 成活率。

以大口黑鲈（*Micropterus salmoides*）为例，经实测求解，湖北地区单个直径 4 米的圈养桶成鱼圈养容量（K）$\approx1\,500$ 千克。若成鱼出塘规格 0.5 千克/尾、成活率按 95％ 估计，湖北地区单个直径 4 米的圈养桶的适宜圈养密度（尾/圈）$=$（$K/2$）$\div$ 养成规格 $\div$ 成活率 $=$（$1\,500/2$）$\div0.5\div0.95\approx1\,580$。其他地区具体的合理放养密度，应根据当地实测的具体养殖对象的圈养容量来计算。不同养殖对象的圈养容量各不相同，相同养殖对象在不同养殖地区的圈养容量也不尽相同。

（六）饲养管理

圈养饲喂管理技术同散养池塘。选择专用人工配合饲料，按照不同阶段鱼体重百分比进行饲料投喂，同时根据鱼体健康状况、生长状况、天气、水温等条件做适当调整。

1. 排污

每天排污1~2次，每次1小时，黑水可通过吸污泵抽入尾水分离塔，清水入养殖池塘或水库进行内循环。入塔尾水通过3小时的重力沉降，使固体废弃物和上清液分离，上清液流入三级尾水处理桶降氮除磷后回池重复使用；固体废弃物通过尾水分离塔锥体收集，每4天收集一次，可作农肥或集中售卖处理以实现资源化再利用。

2. 巡塘

坚持早晚巡塘，检查水质变化及鱼体吃食、活动和病害情况；注意增氧和排污设备的日常巡视和维护，防止气管漏气、断裂和脱落。

3. 水质控制

圈养水体应保持清水态，透明度宜控制在1米以上。

4. 日志

做好苗种、饲料、渔药等投入品使用和水产品销售的日常记录；定时检测与记录水位、水温、溶解氧和pH等水质指标；定期检查鱼体生长情况、测量并记录体重和体长；做好增氧设备开关机、排污、水质调控、病害防治等管理措施的记录。

（七）病害防控

养殖过程中坚持"预防为主、防重于治"的基本原则。具体预防措施：①鱼体进圈养桶前要严格消毒，杜绝病原体入圈；②鱼苗入圈养桶时应防止应激；③使用专用配方饲料，要求饲料新鲜、适口、充足；④定期拌饲投喂微生态制剂和免疫增强剂，调节鱼体肠道菌群，增强鱼体免疫力；⑤定时排污，保证养殖过程中水质清新等。若仍发现鱼病须及时诊断和治疗，同时全池泼洒碘液、石灰等物质，改善养殖环境，防止疾病进一步扩散。鱼病治疗用药应严格执行相关规定。

（八）捕捞上市

1. 捕捞

采用专用捕捞网即可快速起捕。捕捞不会扰动养殖水体，其他圈养桶可正常饲喂。

2. 上市

参考所饲养品种的上市规格，根据养殖计划和市场行情适时捕捞上市。上市销售前应遵循休药期规定，严格控制渔药残留量。

三、适宜区域

全国水产养殖区。

四、注意事项

（1）除圈养桶内投饵外，圈养水体禁止投饵施肥。若水体透明度不足60厘米，可泼洒微生态制剂等改善水质。

（2）若停电，应及时开启备用电源或纯氧增氧机以防缺氧。

（3）科学预防疾病，忌用抗生素。

池塘流水槽循环水养殖技术模式

一、技术概述

（一）基本情况

目前传统池塘养鱼面临诸多问题，例如：单位面积产量低，水土资源匮乏，劳动力成本增加，渔民经济效益差，生产技术落后，劳动强度大，各类渔药及农药的大量使用，环境污染严重，水产品质量差，等等。安徽省水产技术推广总站和合肥万康渔业科技有限公司合作，经过连续3年的研究与示范，探索出池塘流水槽循环水养殖技术模式，该模式是在池塘中集中或分散建设多组标准化养鱼流水槽，流水槽中高密度"圈养"吃食性鱼类，通过提水增氧推水装置在流水槽中形成高溶解氧水流，流水槽和外池塘成为一个微流水循环系统，养殖过程中产生的部分固体粪污在微流水的作用下慢慢沉积在流水槽下游的集污区，利用粪污收集装置收集后为水培蔬菜等提供营养，进行资源化利用；对于溶于水中或未收集到的鱼类粪污，通过浮游动植物的繁生吸收、固定水体中的这部分营养，外池塘放养鲢、鳙等滤食性鱼类可有效摄取浮游动植物，通过种植水生植物等也可以直接吸收利用这部分营养，从而改善了养殖水体环境，实现了养殖周期内水体零排放，减轻因水产养殖带来的环境压力。该模式下亩产鱼3 549千克，亩产值和利润分别为42 000元和13 000元左右，具有巨大的应用价值和市场潜力。

（二）示范推广情况

目前该模式在江苏、浙江、宁夏、广西、贵州、上海等十几个省份均有应用，池塘流水养殖槽达到7 000多条，其中安徽省已示范推广池塘流水槽循环水养殖设施 56 套，流水养殖槽 206 条，养殖面积 27 840 米²，养殖水体 40 100 米³，产量达 700 万千克。

（三）提质增效情况

安徽省水产技术推广总站组织开展养殖试验示范，近三年来与多家养殖企业合作，试验养殖草鱼、团头鲂、鲫、斑点叉尾鮰、青鱼、鲈、鳜、黄颡鱼等，试验养殖草鱼折合至全塘平均亩产 2 320 千克，比安徽省精养塘平均单产量高出 56％；生产 1 吨鱼平均耗水 340 米³，相比普通池塘养殖节水 78.5％。养殖草鱼每吨鱼需渔药费用 46 元，相比池塘主养草鱼每吨鱼需渔药费用 270 元，节药费用 224 元；单位面积养殖收入提高 135％，纯利润提高 116％，减排 70％以上。该模式养殖管理、投喂、捕捞、防病都非常方便，养出的商品鱼品质好，被誉为"健美鱼"。

二、技术要点

该模式技术要点为"维护池塘内水体连续流动、池底自动吸污装置的运行、外净化池塘滤食性鱼类的养殖"三个操作环节，同时需要做好常规日常管理措施，如：池塘流水槽循环水养殖系统的管理、水质调控、饲养管理。

（一）养殖池塘的选择

采用池塘流水槽循环水养殖技术模式时，选择大小适度的池塘是最经济有效的。建议选择面积在 25～100 亩的池塘作为一个生产单元，要求池底平坦，淤泥厚度小于 20 厘米，塘口呈东西向，形状为方形，长宽比接近 2∶1，平均深度 2 米左右为宜（图 1）。同时还需水源稳定、水质清新，满足《渔业水质标准》，有独立进排水渠道，有稳定的电力配套设施，交通便利、环境良好，塘口周边无工业污染源等。

（二）流水槽系统设计建造

流水槽通常应建在池塘的长边一端，考虑到设备安装和生产操作方便等因素，建造流水槽的材料应根据当地的资源，因地制宜。主要材料包括钢筋混凝土、砖石、玻璃钢等。流水槽形状为长方形，其规格应根据养殖的品种、提水增氧推水设备的功率大小等因素设计。目前商业化规模的流水槽的尺寸一般为 5 米×25 米（注：包括集废区）×2 米。流水槽与池塘的面积比例主要取决于养殖的品种、设计的载鱼量、吸污装备和吸污效率、管理水平等，根据目前的

图 1　池塘流水槽循环水养殖技术模式

技术管理和吸污装置水平，建议比例控制在 2.0% 左右（图 2）。

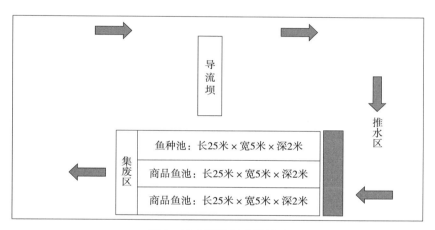

图 2　流水槽的组成及尺寸

（三）组建增氧推水系统

池塘流水槽循环水养殖技术的核心是要让整个养殖池塘的水体保持更有效和不停的充气和混合，将一组低压力、大风量的鼓风机安装在水下限定区域为曝气管输气，运行效率非常高（图 3）。

1. 推水设备和曝气组合对鼓风机的参数要求

（1）鼓风机必须经久耐用；

（2）最小指标是每小时 170 米³气体输出；

（3）鼓风机的输出功率因型号、大小和曝气管的功率及在水下的深度而变化；

图 3　增氧推水系统

（4）一个池塘流水槽养殖系统需要至少 3 个鼓风机。

2. 推水设备和曝气组合对曝气管的要求

（1）曝气管必须经久耐用；

（2）曝气管的效率应为 2.25 米³/（米·时）；

（3）曝气管需要置于特定的水下深度，最好是 1～1.25 米。

（四）组建废弃物收集系统

废弃物收集系统由吸污装置和废弃物沉淀收集池组成。吸污装置由吸粪嘴、吸污泵、移动轨道、排污槽、自动控制装置、电路系统等组装而成。它利用吸尘器的原理通过吸污嘴快速自动将流水冲入集废池底把粪便及废弃物及时吸走。提水增氧推水系统带来的定向水流流动也能把鱼类产生的粪便和其他养殖废弃物集中于流水槽下游的集污区。集污区在最下游部分形成（一般在流水槽下游的 3～5 米）废弃物沉淀收集区域，通过自然沉淀，使固液分离。固体废弃物可以直接作为花卉、蔬菜种植等的高效有机肥；液体废弃物可被种植的水生植物净化吸收再利用，水体各项指标达到规定的标准后可进入池塘循环使用。

（五）组配净化区池塘水生生物

在净化区池塘的岸边栽植挺水植物，浅水区种植沉水植物，面积占净化区池塘面积的 20%～30%。也可以在水面上设置生态浮床，种植空心菜、水芹菜等根系发达的植物，面积占净化区池塘面积的 20%～30%。向净化区池塘内移殖螺蚌，每亩移殖 5~10 千克。还可以在净化区池塘内放养滤食性鱼类，如放养 100~150 尾规格为 100 克/尾的鲢、20~30 尾规格为 500~750 克/尾的鳙。

（六）放养鱼类的筛选和分级

池塘流水槽循环水养殖是把吃食性鱼类养殖在有限空间流水槽内的一种集约化养殖方式。为获得高饲料转化率，需要放养规格一致的健康优质鱼种。同时为了提高养殖的年产量和养殖效率，降低养殖风险，可将不同规格的鱼种放在池塘流水槽养殖系统中进行多级养殖，保持不同养殖流水槽中的鱼起捕时间有 3~4 个月的差距，这样可加速资金周转和分散产品进入市场的时间。

池塘流水槽循环水养殖的品种选择应遵循市场需求量大、价格较高、耐密养、适应流水环境、能食用人工颗粒饲料的要求。目前可选择的养殖品种有草鱼、斑点叉尾鲴、鲈、鳜、鲫等。要求选择水产良种场或信誉较好的苗种场提供的鱼种，并且鱼体健康、体质健壮、游动活泼、无病无伤、鳞片完整、规格整齐等。

（七）投放准备

基建和设备一切准备就绪后，对全塘和流水池使用生石灰全塘消毒（用量约 50 千克/亩），提前三天开启推水装置，使鱼塘水体充分曝气以降低水体中的有害耗氧物质。苗种投放前一天再次检查各设备是否正常、消毒及转运用具是否齐全。

苗种下池前要用药物进行浸洗消毒，即将消毒药物用水调成规定的浓度，食盐浓度按每 1.5~2.5 千克配 50 千克水，漂白粉浓度按 10~30 克配 1 米^{3}水，高锰酸钾浓度按 15 克配 1 米^{3}水，三种消毒剂任选一种即可。将鱼种放入容器中洗浴浸泡 10~20 分钟，在浸洗时观察鱼的活动情况，如果鱼体没有异常现象，时间可长些，反之时间短些，时间到后将鱼种捞起即可。

（八）投喂管理

在池塘流水槽循环水养殖系统中，饲养环境稳定。因此，投饲量和鱼类对投饲的生长响应也是稳定的，具有较高的预测性。通常推荐采用 90% 饱食投喂法。在投饲过程中仍应考虑由于鱼体的大小变化、水温的高低变化，鱼类的摄食量也会相应地变化。

（九）水质管理

可使用试剂盒或智能监测装备来监测养殖池塘中的水质指标，除了溶解氧和温度外，其他需要经常记录的水质参数还包括碱度、硬度、盐度、氨氮、亚硝态氮、二氧化碳和 pH。

（十）废弃物管理

自动废弃物收集装置对粪便和废弃物的回收，大大减少水体污染物含量，降低氨氮、亚硝酸盐、硫化氢等有毒有害物质对水体质量的影响。每天收集废弃物 2～4 次，因废弃物以在鱼吃食后 3 小时排放最多，故每次均在鱼吃食后 3 小时左右开始收集，每次开机 20 分钟左右。收集废弃物时要看外塘水质变化，若外塘水质清瘦，可减少每次的收集时间和次数，若外塘水质过肥，应增加每次的收集时间和次数。

（十一）鱼病管理

鱼病防治要以防为主，预防工作除加强对流水槽循环水养殖系统设施的管理外，还须做好水体消毒和病虫害杀灭工作。须定期对养殖槽内的养殖鱼类抽样，在显微镜下镜检，主要检查鳃和皮肤是否有寄生虫，并做好相关记录。如果有，须立即对养殖槽内进行杀虫处理。若没有，则将这些样品鱼消毒处理后再放养。

（十二）日常管理

池塘流水槽循环水养殖是一项高投入、高产出、高风险的生产项目，要积极规避风险，其日常管理工作显得格外重要。日常管理主要是巡塘，通过巡塘发现、总结和处置问题，每天至少要早、中、晚巡塘 3 次。一是看机械设备是否运行正常，是否有过保养和维护；二是看鱼吃食是否正常，有无残饵；三是看水质是否正常，查看一下水温、水流、水色、溶解氧等各项指标是否在正常范围内，是否有浮头可能；四是看鱼是否有发病预兆，如离群独游、骚动不安、失去平衡、体色反常、不吃食等现象（图 4）。

三、适宜区域

该技术适宜全国所有精养池塘。

图 4 池塘流水槽循环水养殖鱼类

四、注意事项

（1）因兴建了池塘流水槽循环水养殖系统的池塘在养殖过程中产生的废弃物在被不断地搜集分解净化，除补充渗透或蒸发减少的水体外，不再需要换水。

（2）在给流水槽中鱼类施用药前须把药物充分溶解或稀释。由于养殖空间相对较小，避免把药物用在鱼类密集处，以免灼伤鱼类。

鱼菜共作生态种养技术

一、技术概述

鱼菜共作生态种养技术基于鱼菜共生原理，是涉及鱼类与植物的营养生理、环境、理化等学科的生态型可持续发展农业新技术，包括池塘鱼菜共生和工厂化鱼菜共生两个典型应用场景。池塘鱼菜共生就是在鱼类养殖池塘种植植物，利用鱼类与植物的共生互补，在池塘水面进行无土栽培，将渔业和种植业有机结合，进行池塘"鱼-水生植物"生态系统内物质循环，实现传统池塘养殖的生态化、休闲化和景观化三化融合，互惠互利。工厂化鱼菜共生是指在设施条件下，运用信息化、大数据和人工智能等手段，多学科交叉融合，以工业化管理方式开展立体种植和循环水养殖，实现鱼菜周年生产，构建高产、高效、优质、安全的绿色复合生产模式。

二、技术要点

（一）池塘鱼菜共生技术

1. 浮床制作

主要浮床种类包括 PVC 管浮床、竹子浮床、集装箱式浮床等，如废旧轮胎、绝热用挤塑聚苯乙烯泡沫塑料（XPS）板、泡沫板、塑料筐、高密度聚乙烯（HDPE）材质生态浮板及其他成品材料等。

（1）平面浮床制作

①PVC 管浮床制作方法。用 PVC 管（50～90 管）制作浮床，上下两层各有疏、密两种聚乙烯网片分别隔断吃草性鱼类和控制茎叶生长方向，管径和长

短依据浮床的大小而定，用 PVC 管弯头和黏胶将其首尾相连，形成密闭、具有一定浮力的框架。详见图 1。

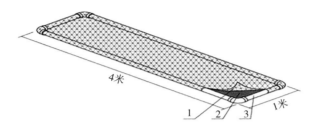

图 1　PVC 管浮床
1. 表层疏网：用网目 2～4 厘米聚乙烯网片制作
2. 底层密网：用网目＜0.5 厘米的聚乙烯网片制作
3. PVC 管框架：直径 50～90 毫米的 PVC 管

综合考虑浮力、成本和浮床牢固性，以 75 管为最好。此种制作方法成功实现了草食性、杂食性鱼类与蔬菜共生，适合于任何养鱼池塘。

②竹子浮床制作方法。选用直径在 5 厘米以上的竹子，管径和长短依据浮床的大小而定，将竹管两端锯成槽状，相互上下卡在一起，首尾相连，用聚乙烯绳或其他不易锈蚀材料的绳索固定。具体形状可根据池塘条件、材料大小、操作灵活性而定。详见图 2。

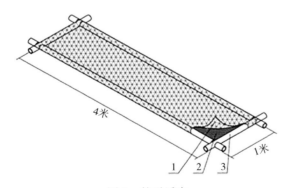

图 2　竹子浮床
1. 表层疏网：用网目 2～4 厘米聚乙烯网片制作
2. 底层密网：用网目＜0.5 厘米聚乙烯网片制作
3. 竹子框架：直径 50～70 毫米的竹子

（2）立体式浮床

①拱形浮床。在 PVC 管浮床（图 1）的基础上，在其长边和宽边的垂直

方向分别留 2 个和 1 个以上中空接头，用三丙聚丙烯（PP-R）管或竹子等具有一定韧性的材料搭建成拱形的立体框架，如图 3 所示。

②三角形浮床。在 PVC 管浮床（图 1）的基础上，在其长边和宽边的 45°方向分别留 2 个和 1 个以上中空接头，用 PVC 管或竹子等具有一定硬度的材料搭建成三角形立体框架，如图 4 所示。

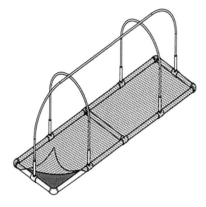
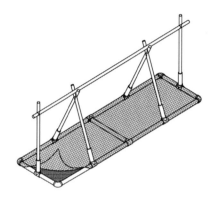

图 3　拱形浮床　　　　　　　　　图 4　三角形浮床

（3）PE 浮床　采用 PE 橡塑板材质（PE 橡塑板具有无毒、绵实、不易损坏、不吸水的优点，能在 −45～80℃ 下正常使用 20 年以上），浮板规格一般为 2 米×1 米，厚度为 1.5 厘米。在浮板两侧使用直径 6 毫米的 PE 纲绳和 18♯ 或 21♯ PE 网线将所有浮板连接成行，并将纲绳两端固定于池埂，行距约 1 米，这样便于船只操作和水稻透风、透光、透气。在每一个种植孔放置一套种植盆，盖上盖网，四角用细扎丝将盖网与浮板扎紧，使整个浮床呈一个比较紧密的结构，如图 5 所示。

2. 栽培植物种类选择

栽培植物种类应选择适宜水生、根系发达的植物，一般夏季种植空心菜、水稻、花卉等绿叶类植物，丝瓜、苦瓜等藤蔓类植物；冬季种植黑麦草、西洋菜等。

3. 栽培时间

在中西部地区如重庆、四川、湖北等地，植物栽培的最佳时间为 5 月中下旬至 8 月上旬，此段时间的最低气温多已达到 20℃ 左右，最高气温也多达到 25℃ 以上，是植物苗壮生长的最佳时间。在宁夏、新疆、陕西等西北地区，移

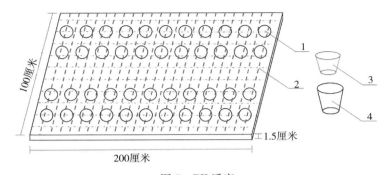

图 5　PE 浮床

1. 种植孔：孔径 10 厘米

2. 盖网：塑料材质，网目 8 厘米

3. 内层种植盆：塑料材质，上口径 11 厘米、下底径 8 厘米、高 9 厘米

4. 外层保护盆：塑料材质，上口径 13 厘米、下底径 8 厘米、高 18 厘米

植苗种时间则应延后 15～30 天。

4. 种植比例

根据池塘水体肥瘦程度可适当增减种植比例，种植面积控制在 5%～15% 较为适宜。

5. 植物栽培技术方法

植物栽培的方式主要有 3 种，第一种是直接抛撒法，即将苗种直接抛撒在生物浮床上即可；第二种是扦插法，即人为地将苗种按照一定的方式或规则扦插在生物浮床植物载体结构上；第三种是采用营养钵的方式将种苗泥团移植到浮板或浮岛上。

实践发现，每种方式各有优缺点。直接抛撒法的最大优点是节省劳力、速度快，缺点是苗种移植不均匀，不抗风力，容易飘散。扦插法的优点则是苗种移植均匀，较抗风力，不会飘散，但最大的缺点是需要大量的劳力。营养钵移植法的优点是植物选择多样、成活率高，如水稻、高秆花卉等植物都能种植，且具有浮力和抗风能力，缺点是浮床成本和劳动力成本较高。

扦插栽培指直接将蔬菜种苗按 20～30 厘米株距插入下层较密网目，固定即可。营养钵移植主要是将蔬菜种苗植入花草培育钵，将钵内置入泥土（塘泥），按 20～30 厘米株距放入浮床。泥团移植主要是将蔬菜种苗植入做好的小泥团（塘泥即可）中，按 20～30 厘米株距放入浮床。营养钵和泥团移植方法成活率较扦插栽培方法高，而后者最省时省力。

另外，如果在高密度养殖塘进行生物浮床植物种植，必须考虑养殖对象对浮床植物是否具有食物选择性。如果池塘养殖对象对浮床植物有较高的食物选择性，那么，就必须采取相应的防摄食措施，以保障浮床植物的正常生长。

在实际工作中，防止养殖对象摄食浮床植物的措施主要有以下两种。

第一种措施，是在生物浮床植物载体部分的下面另外构建一个防摄食结构，多采取网目很小的聚乙烯渔网围成一个封闭的结构。此措施多在养殖对象会摄食浮床植物的根系的情况下使用。

第二种措施，是使用双层聚乙烯网片制作浮床植物载体结构，将植物苗种扦插在上层网片上，此措施多在养殖对象不会摄食浮床植物的根系的情况下使用，效果很好。

6. 植物的采收

空心菜等蔬菜，当株高 25～30 厘米时就可以采收，采收周期根据生长期而定，一般 10～15 天采收一次。水上稻谷在船上采收，其他蔬菜根据生长状况适时采收。

7. 浮床清理及保存

在收获完成或需要换季种植植物时，要将浮床清理加固，堆放于阴凉处，切不可在室外雨淋日晒。

8. 捕捞

精养池塘捕捞一般使用抬网，捕捞位置固定，鱼菜共生浮床对捕捞没有影响。可在池塘底部预先敷设好抬网，需要时，将抬网四边提出水面，再将鱼集中在一角捞出，此法对水上浮床及植物无影响。但如果采用拉网捕捞，就应事前将全部浮床集中在池塘非起网的一边，若鱼躲藏在浮床下，可采取竹竿击水等声响驱逐鱼类，拉网沿浮床外侧下水，逐步向预定起鱼区拉拢，直至将鱼捕获。拉网捕鱼时，一定要兼顾浮床设施，以免损坏浮床。

当要干池清塘捕捞时，要注意及时调节浮床两端固定纲绳，及时放松，以免纲绳受力断裂损坏浮床。干池后，浮床摺在池底，对浮床影响不大，之后蓄水时，浮床会随水浮起，再调节一下纲绳长度即可。

（二）工厂化鱼菜共生技术

1. 淡水鱼工厂化高密度循环水养殖系统

工厂化高密度循环水养殖系统（图 6）由养殖系统、水处理系统、恒温系统、水质智能监测系统、供氧系统和智能控制管理系统组成，可将环境工程、现代生物、电子信息等学科领域的先进技术集于一体。利用物理过滤、生化作用等水处理技术去除养殖水体中氨氮、亚硝态氮等有害污染物，达到净化养殖环境的目的，净化后的水体重新输入养殖池。供氧系统采用液氧，代替了传统的制氧机，提高增氧效率。使用传感器实时监测养殖过程中的环境因子，如溶解氧、液位和水温等，当参数低于阈值时可预警。经生产实践，该系统的养殖密度能达到80千克/米³，日换水量小于5%。

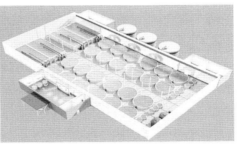

图6　工厂化高密度循环水养殖系统

2. 蔬菜智能化栽培技术及智能装备

蔬菜智能化栽培技术通过开发应用潮汐式物流育苗系统、温室作业机器人、蔬菜移栽定植线、分光式立体栽培系统、NFT物流栽培系统、蔬菜智能收割线、温室智能物流系统等一系列数字化装备，实现了从"一粒种子到一棵菜"的全流程自动化作业。通过智能管理云平台，这些设备系统能够协同交互作业，确保24小时连续标准作业，使得蔬菜生产实现了全流程自动化，一年可生产8～10茬叶类蔬菜（图7）。

3. 鱼粪水资源化处理利用技术及装备

针对养殖水体分类分级利用方式模糊、鱼粪收集转化效率低等问题，构建了以流化床、蔬菜、浓缩机等为核心，以硝态氮累积浓度为界限的养鱼尾水"一主两辅"梯级多元双循环处理与利用系统。该系统由主循环路线、第一辅线和第二辅线组成。主循环路线包括微滤机、流化床、高级氧化等单元，第一辅线由蔬菜栽培系统和过滤器等单元组成，第二辅线由竖流沉淀器、鱼粪收集池、鱼粪浓缩机、厌氧发酵池、好氧发酵池、菌藻共生系统等组成（图8），硝态氮转化利用效率提高50%以上，氨氮浓度小于0.5毫克/升，亚硝态氮浓

图 7　蔬菜智能化栽培系统

度小于 0.2 毫克/升，保证了养殖水体的安全回用和系统附加值的提升。

图 8　部分尾水设备（左：菌藻系统，右：尾水浓缩机）

4. 病虫害绿色防控安全技术

通过加强苗种检疫和病毒检测，运用紫外线、臭氧和光催化等物理技术和投喂益生菌、免疫调节剂等防控鱼病；综合开展捕食性瓢虫、寄生蜂等害虫理化防控与生物防治，化学农药使用量减少 95% 以上，实现虫害零暴发和蔬菜绿色生产（图 9）。

5. 智能化管控技术

智能协同管控平台应用人工智能、物联网等现代技术构建智能投饵系统、环境管控系统、设备监测诊断系统，利用 PLC/IPC＋DTU＋B/S 的物联网测控和全生产链数字孪生平台，对各个生产环节进行智能化管控，实现水质在线监测，投饵机、循环水泵、湿帘风机设备远程自动控制，以及生产数据监测预警，满足了鱼菜共生关键环境因子精准调控的需求。智能协同管控平台有效降低了劳动力成本，可以实现一个管理人员管理全部设备的目的（图 10）。

图 9　种养环节物理和生物防控

图 10　鱼菜共生智能管控平台

三、适宜区域

　　广泛适用于精养池塘，可用于富营养化水体环境治理和休闲观光渔业，还可根据产业需求在平原、山区等不同地理条件地区应用。

四、注意事项

　　（1）上下两层网片要绷紧，形成一定间距，控制植物向上生长和避免倒伏。

　　（2）浮架呈带状布局，可以整体移动，以便变换水域和采摘。

　　（3）加强对水质的观察和监测，了解实施效果。

（4）注重多模式融合，耦合集装箱循环水养殖模式、池塘工程化循环水养殖模式、底排污生态化技术改造等，可实现养殖尾水循环使用或达标排放。

（5）结合休闲渔业基地建设，注重景观、休闲化工程打造，种植品种多样化，搭配多种植物造型，就地消化利用，提升景观、休闲化水平和经济效益。

（6）注重产品品牌打造和绿色健康养殖生产方式宣传，提升植物产出品经济价值，从而提高池塘综合生产效益。

（7）建设工厂化鱼菜共生系统须配备备用电源，确保供电稳定，防止断电影响系统运行以及养殖生物安全，定期开展设备保养与维护，确保设备工况良好。注意协调鱼菜收补时间节点，保障运行效果持续稳定。

大水面鱼类协同增殖技术

一、技术概述

大水面鱼类协同增殖技术面向我国湖泊水库增殖渔业，融合资源环境本底调查分析、大水面生态承载力评估和多营养层次鱼类组合放养等技术，科学回答大水面增殖渔业放什么、放多少、如何放、如何评估等技术问题，已在我国许多不同区域及不同类型的湖泊、水库推广应用，应用水域面积超过百万亩。该技术的应用取得了较好的成效，如在千岛湖每年开展鲢、鳙和鱼食性鱼类等协同增殖，水质常年保持Ⅰ至Ⅱ类，鱼类多样性维持较高水平；在福建省山美水库通过实施鱼类协同增殖，渔业产量和生产效益提高超过40％，藻类密度峰值降低10％，充分发挥了大水面增殖渔业生产、净水、控藻等作用，有助于协调大水面的生态渔业发展与生态环境养护等功能，适用于我国各地区不同类型的湖泊、水库。

二、技术要点

（一）核心技术内容

1. 资源环境本底调查分析技术

（1）内容　资源环境本底调查是科学开展增殖渔业生产与管理的基础，通过清晰了解水域中饵料资源状况，为科学评估水域生态承载力并制定协同增殖方案奠定基础。调查结果有助于评估渔业资源的现状与变化，为制定合理的渔业资源管护策略，包括放养种类与放养量、捕捞限额、禁渔期与禁渔区划设等提供数据支撑，确保在维持水生态系统平衡的前提下，实现增殖渔业可持续发展。

（2）方法

①水环境综合调查。根据实际情况，设置足够数量且具有代表性的采样点，定期采集水样开展水质指标检测分析，对于浅水湖泊可以只采集表层水样，对于深水水库可分层混合采集水样。有条件的情况下，建议按照季度或者月度开展调查，参照相应的技术规范或委托有条件的单位开展调查测试工作，至少获取目标水域的水深、水温、pH、溶解氧、总磷、总氮、高锰酸盐指数、叶绿素等重要的水文和水质指标。

②饵料生物资源调查。根据大水面增殖渔业常见的增殖鱼类类群（鱼食性、杂食性、滤食性、草食性和碎屑食性等），针对性开展水体中天然饵料资源调查，主要包括饵料鱼虾类、浮游植物、浮游动物和底栖动物等，获取不同饵料生物的种类组成、生物量、密度及其时空分布特征。对于浅水湖泊，还需要根据情况调查水生植物资源情况。饵料生物资源调查是科学开展鱼类放养的重要前提，决定了增殖生产能否取得预期效益，因此有条件的情况下建议按照季度、双月或者逐月开展连续调查，参照相应的技术规范或委托有条件的单位开展调查分析工作。

③鱼类群落结构及资源量调查。根据目标水域的面积大小设置一定数量的鱼类资源调查采样点，采用刺网、张网和地笼等多种方法，分季节对目标水域进行鱼类资源定量和定性调查，获取鱼类群落结构和多样性特征。对于采集的鱼类样品，现场鉴定种类，并随机选取部分样品测量全长和体重等重要指标，获得鱼类群落结构数据，以及优势鱼类种群的个体大小和肥满度等特征。有条件的情况下，对于优势鱼类种群，可随机采集鳞片等样品用于鉴定个体年龄，分析种群年龄结构和生长速度等特征。对于鱼类资源量，可以通过多年的放养捕捞记录数据进行估测，也可以委托有能力的单位采用水声学方法等进行探测，获得更加精准的鱼类资源量数据。

2. 大水面生态承载力协同评估技术

（1）内容　大水面增殖渔业的技术难点之一是精准评估不同放养类群的增殖容量及放养量，关键在于确定增殖对象在不同生活史阶段需要摄食多少饵料，以及水里有多少饵料能够被利用且不影响其可持续的生产力。开展大水面协同增殖生产，应该在调查获得饵料生物本底数据的基础上，参照标准方法科学评估目标鱼类的增殖容量。

（2）方法　《大水面增养殖容量计算方法》水产行业标准规定了不同生态类型鱼类增殖容量的计算方法。根据调查获得的浮游植物和浮游动物的平均生物量，测算滤食性鱼类的增殖容量；根据底栖动物的平均生物量，测算底栖生物食性鱼类的增殖容量；根据小型鱼类和虾类的资源量，测算鱼食性鱼类的增殖容量；根据着生生物的平均生物量，测算着生生物食性鱼类的增殖容量；根据水生植物的平均生物量，测算草食性鱼类的增殖容量，据此综合评估水域的生态承载力，为科学开展鱼类放养和捕捞提供依据。

3. 多营养层次鱼类组合放养技术

（1）内容　鱼类的栖息水层、摄食方式、食性等多种多样，不同鱼类处于食物网不同位置，发挥不同生态功能。为充分发挥不同生态类型鱼类的调控功能，应基于资源环境本底情况和增殖容量评估结果，组合放养不同栖息水层（底层、表层等）、不同食性（鱼食性、滤食性和杂食性等）和不同摄食方式（追击型、伏击型等）的鱼类，提升不同类型天然饵料资源的利用率，优化水生生物群落结构，解决大水面增殖渔业放什么、放多少和如何放等技术问题。

（2）方法　根据资源环境本底情况，选择适合本水域生态条件的鱼类作为潜在的增殖对象。根据目标增殖对象的资源量情况以及增殖容量评估结果，结合目标水域的水环境状况，以及增殖对象的生活习性等特征，科学确定增殖鱼类种类、放养规格和放养数量等，选择适宜的时间科学实施鱼类放养。在正常开展增殖生产后，应定期监测水质变化和鱼类生长状况，并根据每年鱼类放养量和捕捞量等数据，以及鱼类肥满度和生长速度等情况，适时调整鱼类的放养种类、规格和数量，逐步获得适宜本水域的增殖生产方案。

综上所述，大水面鱼类协同增殖技术主要包括资源环境本底调查分析、水域生态承载力协同评估和鱼类组合放养等技术环节（图1），并通过科学开展渔业资源捕捞利用与养护等措施，提升大水面增殖渔业的综合效益。

（二）配套技术内容

1. 鱼类生境营造与资源恢复技术

湖泊、水库鱼类群落中包含许多可自然繁殖种类，如鲤、鲫等，这类鱼类只要具备产卵条件即可自行繁殖，实现种群资源的可持续。当前，我国许多浅水湖泊水生植物资源衰退，水库里一般无沉水植物分布，消落带植被覆盖度较低或季节性

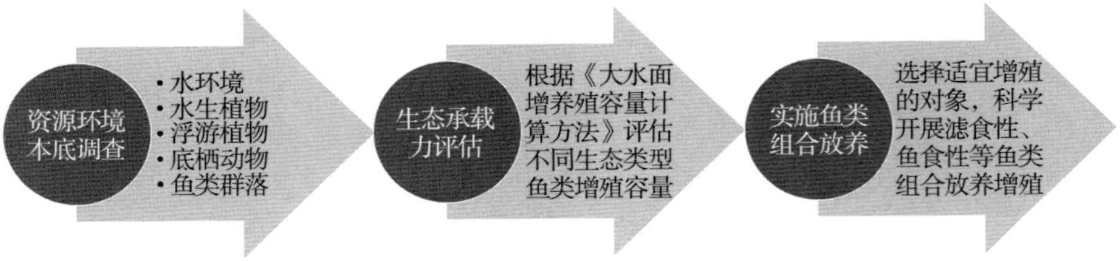

图 1　大水面鱼类协同增殖技术示意图

被淹没，导致可自然繁殖的鱼类种群资源衰退。保护和恢复这些鱼类资源的关键是产卵生境的修复与营造，逐步恢复鱼类的种群繁衍功能，配合人工增殖放流措施，恢复鱼类资源。在生产实践中，可以采用棕榈或水生植物等作为介质，构建人工鱼巢，为能够自然产卵的鱼类种群构建繁殖生境，提高增殖渔业效益。

2. 增殖渔业资源精准利用技术

鱼类资源现存量若超过水域生态承载力可能会引起水质下降、水生植物减少和鱼类群落结构失衡等生态环境问题。增殖渔业资源精准利用技术是指维持大水面水生态系统平衡，对超过生态承载力的增殖渔业资源开展精准捕捞利用的技术手段。该技术根据鱼类资源调查监测结果，推算目标水体鱼类资源量，并基于生态承载力评估结果，制定详细的资源利用计划。采用选择性捕捞工具和技术，减少非目标物种误捕率。建立长期跟踪监测机制及时调整策略，实现增殖渔业可持续发展。

三、适宜区域

我国的湖泊、水库等大水面资源十分丰富，地域分布广泛，不同水体存在地理位置、气候条件、水文状况、营养水平、饵料资源等方面的差异，区域性渔业生产方式也有所不同。该技术综合考虑了不同水体间生态环境条件的共性与特性，适宜且已经推广应用于不同地理区域（华东、华中、华南、西南和东北等）以及不同生态类型（浅水、深水；天然、人工；草型、藻型）的水体。

四、注意事项

1. 持续开展资源环境调查评估是应用该技术的基础

科学开展大水面鱼类协同增殖，完整准确获取资源环境本底数据是基础。在开展鱼类协同增殖前，需要对湖泊和水库的水环境、水生生物和鱼类资源开展本底调查，科学评估增殖容量。在实施鱼类协同增殖生产与调控过程中，也要定期开展资源环境监测，评估生态环境效应，及时优化增殖调控方法和策略。

2. 增殖容量精准评估是应用该技术的关键

开展鱼类协同增殖需要明确水体中有多少鱼类资源、有多少饵料资源以及这些资源能支撑多少鱼类生长。鱼类放养量过少使天然饵料资源得不到充分利用，鱼类放养量过多则不利于饵料资源的可持续利用，亦会导致鱼类生长缓慢，降低增殖生产效率。因此，推广应用大水面鱼类协同增殖技术的关键在于科学调查水体环境和水生生物资源，据此精准评估不同生态类群鱼类的适宜增殖容量。

3. 鱼类科学放养是应用该技术的核心

科学放养应遵守以下原则，一是放养的鱼类应是在水体中现有或曾有自然分布记录的，防止产生不良生态问题；二是选择放养对象时不能仅考虑经济效益，应基于水域资源环境状况和增殖容量评估结果，制定科学的鱼类组合放养方案，充分发挥不同类型鱼类的净水、控藻、调控与生产等功能，综合提高增殖渔业的生态和经济效益。

4. 增殖渔业资源科学利用是应用该技术的重点

只放养不利用会导致鱼类资源量超过水域生态承载力，造成增殖资源浪费，并对水生态系统产生不利影响。只利用不补充则会破坏渔业资源的可持续性，影响水生态系统结构和功能的平衡。在科学开展鱼类协同增殖，合理开展渔业资源管护的基础上，科学开展增殖渔业资源利用才能实现大水面增殖渔业生态效益和经济效益的协调统一。

"参–虾（蟹）–藻"多营养层级生态养殖技术

一、技术概述

（一）技术基本情况

海水池塘养殖是我国水产养殖主要方式之一，遍布沿海地区，2022年养殖总面积644.9万亩，以高价值的虾蟹养殖为主。21世纪初，海参等海珍品养殖兴起，形成我国海水养殖"第五次浪潮"。据统计，2022年我国海参养殖产量24.9万吨，包括底播等养殖总面积达375.9万亩，山东、辽宁、河北等北方沿海地区是我国海参主要养殖区，养殖产量占全国总产量的81.5%。伴随着海参养殖业的快速发展，传统海参池塘养殖近年来呈现病害频发、养殖成活率低等普遍问题，造成严重经济损失，制约了海参养殖业的健康、可持续发展。

多营养层级综合养殖（IMTA）是一种高效、健康、生态、绿色的养殖模式。该模式依据物种间互利共生原理，将处于不同营养级的虾、蟹、鱼、参、贝、藻等优良养殖品种有效整合在同一池塘中进行养殖，配合养殖环境调控、养殖动物免疫调节、饵料生物应用、养殖废物资源化利用、药物安全应用等一系列技术管理措施，在不扩大养殖面积的基础上实现了池塘内养殖生物生态位互补、营养物质循环利用、生态防病、产品质量和养殖效益双提升等目的，不仅有利于减少池塘养殖生产的氮、磷排放量，还可显著提高综合经济效益和社会效益。

"参–虾（蟹）–藻"多营养层级生态养殖技术是在传统海参集约化养殖池塘中合理搭配对虾、梭子蟹和石莼等物种，人为设计建立一种多营养层级的水产养殖生态系统。对虾生长期与海参夏眠期重叠，海参休眠时，红线虫等成为对虾的优质饵料生物，而对虾残饵粪便含有的动物蛋白，为结束夏眠的海参提供了丰富的饵料资源。通过海参与对虾的搭配养殖，合理利用了池塘空间，有效提高了营养物质的循环利用率。同时，混养的梭子蟹通过捕食病虾、锥螺等，也可以防止疾病传播和有害青苔等滋生，起到生态防疫的作用。此外，池塘中的石莼可以吸收养殖过程中产生的过量氮、磷营养盐用于自身生长，达到维持养殖水质稳定和为虾、蟹、参补充提供饵料的效果。

（二）技术示范推广情况

2019 年以来，主要在山东青岛等沿海地区的海参规模化养殖区进行应用示范，并逐渐向环渤海地区辐射推广。2020 年在青岛开展技术推广，养殖示范面积 540 亩，收获的海参平均体重 21.1 克、日本对虾平均体重 41.0 克、三疣梭子蟹平均体重 344.9 克，产品品质良好；2021 年在青岛开展技术推广，养殖示范面积 1 200 亩，收获刺参 87.5 千克/亩、对虾 59.0 千克/亩、三疣梭子蟹 7.2 千克/亩、石莼 222.9 千克/亩；2022 年在青岛开展技术推广，养殖示范面积 1 600 亩，收获刺参 96.3 千克/亩、日本对虾 42.8 千克/亩、三疣梭子蟹 14.2 千克/亩、石莼 163.7 千克/亩，养殖尾水无机氮和无机磷浓度分别为 0.32 毫克/升、0.03 毫克/升，氮、磷排放量与传统海参单养池塘相比分别降低 45.8%、50.0%，养殖综合效益显著。

（三）提质增效情况

在青岛瑞滋集团有限公司连续 3 年开展的技术试验和示范推广结果表明，该技术可实现海水池塘营养物质的高效转化和利用，养殖的参、虾、蟹产品规格大、品质优。收获的海参规格达 40～60 只/千克，平均亩产 80 千克以上，较原有海参单养模式提高 12.6% 以上；日本对虾规格达 20～40 尾/千克，增加经济效益 3 000 元/亩以上；三疣梭子蟹规格可达 300～400 克/只，增加经济效益 1 900 元/亩以上。因此，采用该技术的平均综合经济效益提高 40% 以上。此外，收获的石莼等大型藻晒干后可加工成刺参饲料加以利用，同时，由于养殖池塘水质明显改善，氮、磷排放减少，也保护了周边水域良好生态环境。

（四）技术获奖情况

以该技术为核心的"海水池塘和盐碱水域生态工程化养殖技术"入选"2023 中国农业农村重大新技术新产品新装备"。

二、技术要点

（一）池塘准备与消毒

1. 养殖池塘

养殖池塘（图 1）以长方形为宜，长宽比不应大于 3：2，池深 2.5～3 米，养殖期可保持水深 2 米以上。池底平整、向排水口略倾斜，比降 0.2%，保证池水可自流排干，以方便晒池和清理池底。养殖池底不漏水，必要时用塑胶膜铺设池底和池壁加防渗漏材料。土质含砂量较多时应护坡，养殖池两端设进水闸和排水闸，也可只建排水闸，进水使用水泵提水；进水闸应安装 80 目滤水网。进水口与排水口应尽量远离，排水渠除满足正常换水量需要外，还应保证暴雨排洪及收获时快速排水的需要。养殖池塘应配备增氧设备，按每亩 0.1～0.3 千瓦配置风机，以备适时增氧。

图 1　标准化养殖池塘

2. 清污整池

养殖前应将养殖池、蓄水池、进排水渠道等积水排净，封闸晒池。清除污泥和杂物，对沉积物较厚的池底应翻耕暴晒，促使池塘底层有机质彻底分解。

在池底增设纳米微孔增氧管等增氧设施，对池坝用水泥或土工布进行护坡改造或维护，在池塘底部敷设瓦礁、复层组合式立体海参附着基等硬质参礁，为养殖刺参创造良好栖息环境。

3. 消毒除害

晒池后彻底消毒池塘，以杀死蟹类、野杂鱼类等敌害生物，并防止藻类大量滋生。向池内注水 10～20 厘米，使用生石灰及次氯酸钠溶液（水产用）、含氯石灰（水产用）等国家已批准的水产养殖用药，按照产品说明书的用法用量，兑水后全池泼洒，杀灭原生动物、病毒、细菌等病原生物及杂鱼虾等。严禁使用敌敌畏等农药、原料药及其他有毒有害物质。

4. 纳水及繁殖基础饵料

养殖池消毒后 7～10 天纳水，初次进水 40～50 厘米。使用复合肥料进行池水施肥，繁殖优良单细胞藻类和小型微型多毛类、寡毛类、甲壳类、线虫、贝类幼体、昆虫幼体及有益微生物等，施用有机肥需充分发酵，所占比例不得低于 50%。

（二）苗种选择与放养

1. 苗种选择

选择环境适应性强、活力好、不携带传染性病原的健康优质苗种进行养殖，如刺参"参优 1 号"、中国对虾"黄海 4 号"、三疣梭子蟹"黄选 2 号"等新品种。刺参、对虾和三疣梭子蟹苗种应符合国家和行业相关标准的规定。大型藻可选择石莼、马尾藻等。

刺参规格为 500～800 只/千克，放养密度 4 000～6 000 只/亩；中国对虾和日本对虾虾苗规格为生物学体长 1 厘米以上，凡纳滨对虾虾苗规格为生物学体长 0.7 厘米以上，放养密度均为 1 500～2 000 尾/亩；三疣梭子蟹规格为Ⅱ期幼蟹，放养密度 50～100 尾/亩；石莼选择叶状体长度为 1.6 厘米的幼苗，网箱内移植密度 10～15 株/米^2。

2. 水质要求和放养时间

养殖池水深应达 1 米以上，藻相应以绿藻、硅藻、金藻等微藻为主，放养前将大型杂藻移除。保持池水清新，控制透明度在 50～70 厘米，pH 7.8～8.6，盐度 25～32，与育苗池盐度差大于 5 时，24 小时调节育苗池盐度应在 3～5 范围内。

3月下旬至4月中旬投放刺参苗种，4月中下旬池塘水温稳定在14℃以上时投放日本对虾（可进行2茬养殖，7月初投放第2茬虾苗）或中国对虾虾苗，5月初投放三疣梭子蟹Ⅱ期幼蟹。3月下旬和9月中下旬在网箱内移植石莼幼苗。

（三）养殖水环境调控

1. 水位及换水

养殖前期日添加水3～5厘米，直到池塘中央水位达1.5～2米。养殖中后期根据养殖水质及藻相变化情况，适量换水，控制日换水量在5%～10%。

2. 增氧

根据溶解氧需要确定增氧设备开机时间，放苗30天内于凌晨和中午各开机1～2小时；养殖30后可根据需要延长开机时间，使水中的溶解氧始终维持在5毫克/升以上；阴天、下雨应适当增加开机时间；投饵时应停机0.5小时。

3. 使用微生态制剂

有益的微生态制剂包括光合细菌、芽孢杆菌、EM菌和其他化能异养细菌等，养殖前期，每10～15天使用1次，养殖后期，每3～5天使用1次，不能与消毒药品、抗菌药品同时使用。

4. 使用水质保护剂

每半个月加沸石粉、过氧化钙为主要成分的水质保护剂，用量20～30千克/亩；适当使用80目以上石灰石粉或白云石粉，每半个月用1次，用量10～20千克/亩，或2～3天1次，用量1～2千克/亩，要求池水总碱度在80～120毫克/升。

5. 水质监测

养殖场应配有环境生态检测分析室，配置生物显微镜、盐度计（或比重计）、水温计、溶解氧测定仪、精密式pH计、透明度盘等，还可选配氨氮或总碱度检测仪，微生物培养设备，病原检测的染色液及试剂盒，等等。定期检测池塘水质情况，并据此采取相应管理措施。

（四）饵料投喂

1. 海参

基础饵料不足时可人工投喂饵料，饵料由马尾藻粉、鼠尾藻粉、海带粉、鱼粉等原料按一定比例复合配制而成，或使用商品化海参专用人工配合饲料，质量和安全卫生应符合国家和行业相关标准。根据海参（图2）摄食和生长快慢情况调整投喂量，一般每次投喂量为海参体重的0.5%左右，每7～10天投喂1次。

图2　海参

2. 虾蟹

使用配合饲料或新鲜杂鱼虾贝等，配合饲料质量和安全卫生应符合国家和行业相关标准。配合饲料日投喂率为3%～5%，鲜活饵料日投喂率为7%～10%。需根据虾蟹（图3、图4）摄食情况和天气状况调整实际投喂量。

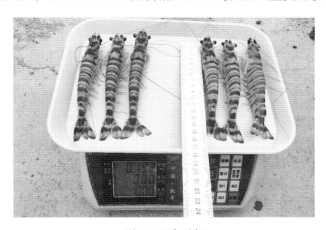

图3　日本对虾

图 4　三疣梭子蟹

（五）病害防治

至少每日凌晨、下午及傍晚各巡池一次，清除池塘周围的蟹类、鼠类等，观察参、虾、蟹的活动、分布和摄食情况，发现病、死动物时及时分析原因，并进行处理。不应用发病池塘排出的水，不应投喂带有病原的鲜活饵料，及时切断病原传播途径。降低池水透明度，预防大型有害藻类滋生，及时清除大型有害藻类，防止藻类死亡腐烂后造成池底环境恶化。防止投饵过多，保持池底和水质清洁，防止发生刺参腐皮综合征等病害。应使用国家批准的水产养殖用药，并严格执行休药期制度。

（六）尾水处理

搭配不同营养层级生物进行综合养殖可有效提高饵料利用率，大幅降低养殖尾水的总氮、总磷等水质指标，实现达标排放。若有些海水池塘养殖区域的周边水质较差，在养殖后期集中排换水或日常管理不当时容易出现水质指标超标的情况，可以构建专门的生态净化池塘进行尾水处理，使用物理过滤（沉淀）＋生物净化的方式处理尾水。养殖尾水经排水渠进入尾水处理生态池塘，在物理过滤（沉淀）区通过自然沉降作用或机械过滤将尾水中的颗粒悬浮物质（粒径≥100 微米）分离，并做无害化处理；然后进入生物净化处理区，在滤食性贝类、大型藻类等生物的作用下，吸收转化部分颗粒有机物和营养盐。采用水循环利用方式，养殖尾水经生态塘净化处理后可实现循环利用；不采用水循环利用方式，养殖尾水经净化处理达到当地养殖尾水排放标准后，方可排放。

三、适宜区域

辽宁、河北、山东等沿海地区的规模化海水池塘养殖区域。

四、注意事项

（1）夏季高温季节采取必要的保护措施，以保证刺参安全度夏。

（2）养殖期间经常观察检测池内浮游生物种类及数量变化，保持水质良好。

（3）养殖期间根据池塘水质和当地水源情况，尽量多换水以保证水质良好。

（4）病害防治采用"预防为主，防治结合"的原则，杜绝使用违禁药物，谨慎使用杀青苔药物。

鱼病标准化防控技术

一、技术概述

通过构建鱼病防控和诊疗标准化技术体系、绿色健康管理技术体系，实现养殖环节中池塘清整、苗种选择、水质管理、投喂管理的有效衔接，使养殖过程、预防措施、生物安全管理、临床诊断、治疗程序、数据记录和分析标准化，提升鱼病诊疗人员服务产业的能力，从根本上减少鱼病发生，提高鱼病诊断的准确性和治愈率，减少渔药使用量，降低因鱼病造成的损失，帮助渔民增收致富，保障水产品安全稳定供给，提升水产品质量安全水平。

二、技术要点

(一)池塘清整标准化

1. 规范清塘时机及药物

养殖结束后修整塘埂，暴晒塘底至龟裂，投放苗种前15天根据池塘淤泥厚度每亩用75～250千克生石灰或者10～20千克漂白粉清塘。不用清塘剂或茶籽饼清塘。

2. 规范清塘方法

用生石灰清塘时，应将生石灰在塘底水坑浸泡后趁热全塘泼洒；用漂白粉清塘时，将漂白粉均匀抛撒到潮湿的池底，所有地方均需抛撒。

(二)苗种质量评判多元化

1. 苗种质量现场评判

优质苗种抢食凶、大小均匀、体表无伤、各器官完整、体色一致，无明显寄生虫及病变。

将苗种置于盛水容器中,搅动水体,优质苗种应逆水游动。

2. 苗种的实验室检测

对苗种进行特定病原的分子生物学检测,确保不携带特定的病原。

3. 苗种的来源

选择具有苗种生产许可证的良种场生产的优质苗种,所购苗种应具有渔业主管部门出具的水产苗种检疫合格证明。

(三)水质监测标准化和流程化

1. 规范水质检测时间

晴天 8∶00、15∶00 取水检测;阴雨天气鱼正常时不检测水质指标。

2. 规范水样获取地点

分别在池塘上风处、下风处,取 30 厘米及 1.5 米两个深度的水样进行检测。

3. 主要水质指标及其变化的指示意义

监测水温、溶解氧及氨氮、亚硝酸盐、硫化氢浓度的变化,关注这些指标超标后鱼类的异常行为,有针对性地进行调控。

4. 水质调控方法

根据水质指标的实际情况,通过使用微生态制剂、肥料及换水等方式进行调控。

(四)投喂管理精细化

1. 饲料选择

选择营养配比科学、原料新鲜、适口性好、蛋白质利用率高的优质饲料。

2. 饲料存放

按照"五五堆码法"存放饲料,饲料存放场所应阴凉、通风并且做好防鼠工作。所购饲料在 1 个月内用完。

3. 饲料投喂

根据天气、水温、溶解氧、鱼体健康状况灵活调整投饵率,勿过量投喂,天气突变、缺氧时停止投喂。

(五)鱼病防控现场工作"三规范"

鱼病防控现场工作"三规范"如图 1 所示。

1. 现场工作时间规范

阴雨天气 9：00 前到池塘开展巡塘及标准化鱼体检查；晴天 8：00 前到池塘开展巡塘及标准化鱼体检查。

2. 现场工作区域规范

到进排水口处、池塘下风处、投饵区特别是投饵区下风处开展工作。

3. 现场工作内容规范

观察是否有濒死鱼或死鱼；观察是否有鸟；观察水质状况、摄食状况；用白色容器舀池水观察是否有大量活泼运动的浮游动物；对打捞的濒死鱼进行标准化检查以诊断鱼病；对水质开展检测。

图 1　鱼病防控现场工作"三规范"

（六）鱼体临床检查流程标准化

鱼体临床检查流程标准化如图 2 所示。

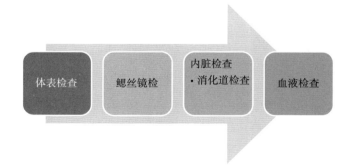

图 2　鱼体临床检查流程标准化

1. 体表检查流程标准化

按照"七步法"流程（图 3）开展体表检查：鳃丝颜色及状态→吻部→眼球→鳃盖→体表→鳍条→肛门。

第一步：鳃丝外观检查。检查鳃丝是否鲜红、是否发白、末端是否有白色

图 3 鱼体检查"七步法"流程

蛆样虫体，以及鳃丝上是否有白色或红色包囊和黏液异常增多。

第二步：吻部检查。检查吻部是否发白、口腔是否充血、咽喉是否肿大、口腔内是否有寄生虫、上下颌形态是否异常。

第三步：眼球检查。检查眼球是否突出、是否凹陷、是否发白或水晶体脱落、是否出血。

第四步：鳃盖检查。用手指触摸鳃盖看是否光滑、鳃盖内表皮是否腐蚀、鳃盖内侧或者后缘是否出血、鳃盖表面及内侧是否有寄生虫。

第五步：体表检查。观察是否畸形、体表是否有溃疡、体表是否有寄生虫、鳞片是否竖立、腹部是否膨大、鳞片内是否有气泡、体表的黏液量及是否有絮状物等。

第六步：鳍条检查。观察鳍条末端颜色是否发白或发黑、是否腐蚀及出血、鳍条内是否有气泡、是否有寄生虫。

第七步：肛门检查。检查肛门是否红肿、外凸或者脱出体外。

2. 鳃丝镜检流程和操作标准化

（1）鳃丝水浸片制作规范　准备好干净的载玻片、盖玻片；从鳃部靠下的位置剪取适量鳃丝置于载玻片上；用手术剪将剪取的鳃丝推至载玻片中间，滴一滴生理盐水到鳃丝上；将盖玻片贴着载玻片边缘往下轻放直至接触到鳃丝；轻压盖玻片，使鳃丝均匀分布。

（2）显微镜操作规范　插上电源，看是否通电；将制作好的鳃丝水浸片置于载物台上；调节粗准焦螺旋，将物镜调整至离载物台最近处；调节粗准焦螺旋（同时观察目镜中的景象），将载物台向下移动至看见目标物体；调节细准焦螺旋，直至观察到清晰的图像。

（3）观察要点　观察是否有纤毛虫、蠕虫、甲壳类等寄生虫；观察鳃丝是否有血窦、气泡。

3. 内脏检查规范流程

鱼体解剖标准操作流程见图4。

（1）肌肉检查　在解剖的同时对肌肉进行观察，看是否有溃疡、出血、穿孔及结节。

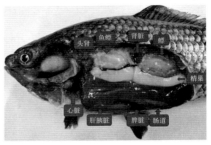

图4　鱼体解剖构造示意

（2）腹腔检查　观察腹腔内是否有腹水及腹水颜色。

（3）内脏器官检查　观察腹腔膜是否出血，肠系膜脂肪数量、颜色及是否出血，肝胰脏颜色、形状、大小、是否出血、是否有结节，胆囊颜色、大小、充盈度，脾脏颜色、大小、是否有结节，肾脏颜色、大小、是否有结节，鱼鳔是否完整、是否有积水、是否有寄生虫及出血等。

（4）消化道的检查　对胃、前肠解剖后目检，对后肠粪便及内容物压片后镜检。

观察消化道外观是否出血，是否有肠道套叠；肠道外观是否正常，肠道内是否有球状包囊；胃、肠道解剖后观察胃壁、肠壁是否有溃疡、出血；前肠是否有绦虫、棘头虫等；对后肠内容物镜检看是否有变形虫、肠袋虫等。

4. 血液检查

主要是血涂片的制作及血液检查。

（七）鱼病预防措施全面化

针对不同病因，采取不同措施预防（图5）。如通过清塘、切断病菌传播途径、强化鱼体免疫来预防细菌性疾病；通过苗种检疫、避免低溶解氧胁迫、科学投喂饲料、优化养殖环境来预防病毒性疾病；通过减少水体中有机质含量、彻底清塘、过滤水源及对鱼进行定期体检来预防寄生虫性疾病；通过防止鱼体受伤、增加水体盐度来预防真菌性疾病；通过系统化的养殖管理来预防非病原性疾病。

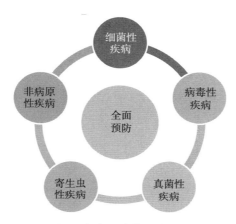

图 5　鱼病预防措施全面化

（八）鱼病治疗措施精细化

根据不同病因，采取精细化的针对性治疗措施。细菌性疾病的治疗要区分革兰氏阴性细菌和革兰氏阳性细菌，并对其引起的疾病通过投喂敏感抗生素、外用消毒剂的方式进行治疗；病毒性疾病通过停料、维持溶解氧稳定、维持水质稳定、投喂免疫增强剂及抗病毒中草药的方式进行治疗；寄生虫性疾病根据寄生虫种类使用敏感杀虫剂进行治疗；真菌性疾病通过泼洒五倍子末加盐处理，还要泼洒碘制剂促进体表伤口恢复从而避免复发。

（九）渔药选择科学化

1. 渔药购买途径

到持有兽药经营许可证并通过 GSP 认证的渔药店购买渔药，购买处方药需凭水生生物类执业兽医师的处方。

2. 渔药的选择及鉴定

通过国家兽药综合查询 App 对购买渔药的真伪进行查询；通过查看兽药标签对渔药真伪进行鉴定。

（十）暴发性鱼病应急响应标准化

出现暴发性鱼病：①现场开展工作时按上述标准流程操作；②需远程诊疗时，按规范提交远程诊疗所需的图片信息、养殖信息、病程信息、水质信息、治疗前后效果等。

三、适宜区域

全国水产养殖区。

无环沟稻虾综合种养技术

一、技术概述

（一）基本情况

近年来，我国稻渔综合种养产业持续稳定发展，生产规模和产量逐年扩大，在保障粮食安全和水产品稳定供给、促进农业增效农民增收、推进乡村振兴中的作用愈加凸显。稻虾种养是我国第一大稻渔综合种养模式，种养面积占比超过50%，并且已经形成了众多以稻虾产业为主导的产业集群。但是，常规环沟式稻虾种养模式仍存在如下问题：一是坑沟占比太大，工程成本投入相对较大；二是水稻种植面积减少，不利于粮食稳产；三是多采用自繁自育模式，养殖密度不可控，上市规格偏小，产量不稳定，上市过于集中，影响效益。

无环沟稻虾综合种养技术是在基本保持稻田田面原貌的基础上，通过加宽、加高、加固田埂，提升稻田田面水深，不挖沟或开挖少量浅边沟，构建无环沟稻虾种养系统；并通过优化提升苗种投放、投喂管理、水草种植、水位管理、水质调控、敌害防治等养殖技术，养成大规格商品虾，分批捕捞，错峰上市。该技术的主要优势是实现了稻、虾生长空间的合理配置（图1），以及生产茬口的合理衔接，在不影响水稻种植面积和产量的情况下，稳定增收。

（二）示范推广情况

该技术起源于安徽省霍邱县三流乡稻虾原生态种养和宣城市洪林镇"再生稻＋龙虾"种养模式（图2），自2018年以来先后在六安市、宣城市、芜湖市、合肥市、滁州市等安徽省稻虾种养主产区进行示范推广，累计推广面积达200万亩。目前，该技术在江苏、浙江、湖南、江西、湖北等地区开始大面积

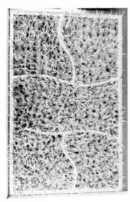

图1 无环沟稻虾（左）与传统稻虾模式（右）对比

示范推广。

图2 "再生稻＋龙虾"种养模式

（三）提质增效情况

1. 该技术在实现水稻产量不减的前提下，化肥和农药用量分别减少40%和80%左右，不但节约了药肥成本投入，而且降低了农业面源污染，提升了稻米及水产品的品质。

2. 运用该技术进行稻虾轮作可实现亩产稻谷500千克、小龙虾100千克、黄鳝和泥鳅5～10千克，亩均产值达4 500元，亩均利润达2 000元，较水稻单作亩均效益增加1 000元以上；进行"再生稻＋小龙虾共生模式"，可实现亩产稻谷1 000千克、小龙虾40千克，亩均总产值达4 000元，亩均利润达1 800元，较水稻单作亩均效益增加800元以上。

3. 该技术采取加高、加宽、加固田埂的简易田间改造工程，建立高灌低排式进排水系统，不但工程成本低，而且保护了稻田耕作层，并间接提升了稻田防洪抗旱能力，为水稻稳产提供了保障。

4. 该技术投入成本低、劳动强度小、简单易复制，不但吸引了在外务工年长人员回乡就业，也吸引了年轻人回乡从事流通餐饮行业，还吸引了物流及加工企业入驻乡村，逐步形成了完善的产业链。这不仅能有效防止返贫，增加农民收入，而且有利于缓解农村空巢化、土地撂荒化，保障粮食安全，促进产业兴旺与乡村振兴，具有显著的社会效益。

二、技术要点

该技术重点在于抓好"投种（苗）、水草种植、密度控制、适时捕捞"4个关键步骤，实现稻、虾生长空间合理配置，生产茬口合理衔接。同时需要做好常规日常管理措施，如水质调控、水稻管理、小龙虾防逃和捕捞等。主要技术要点如下。

（一）田间工程技术

选择周围无污染源、水质清新、灌排方便的稻田，加宽、加高、加固田埂，使田埂高于田面 50～80 厘米，不挖沟或开挖 1～2 条浅边沟，在稻田对角设置进排水口（图 3），设置过滤和防逃设施。实行高灌低排，进水口和出水口分别设置在稻田两端对角处，进出水管采用阀门控制。高灌低排，主进水管的过滤网长 4～5 米。

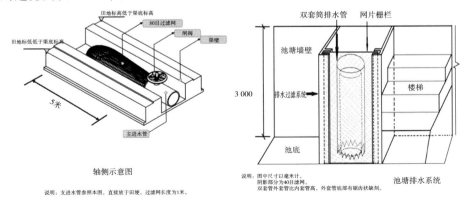

图 3 池塘进排水系统

（二）种虾投放技术

1. 种虾投放时间

在水稻活棵分蘖第一次烤田后投放亲虾。遵循就近选购原则，雌雄种虾应来源于不同场地。

2. 种虾选择

种虾（图 4）要求体重≥35 克，雄虾大于雌虾；颜色深红或黑红，有光泽；附肢齐全，健康、活力强；雌雄比为 2∶1 或 3∶1。

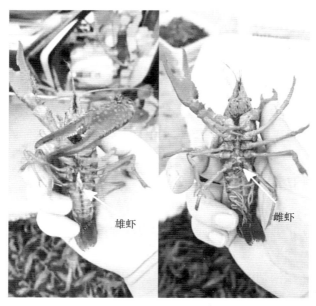

图 4　种虾

3. 种虾投放密度

稻田有坑沟，田面灌水深，虾苗满足本田需要还可以出售虾苗的，一般投放种虾 15～20 千克/亩；稻田坑沟少，田面灌水浅，虾苗以满足本田需要为主，一般投放种虾 7～10 千克/亩。

（三）虾苗投放技术

稻虾种养模式的虾苗（图 5）投放时间不迟于次年 3 月底，虾苗规格 160 尾/千克，投放密度以 5 000 尾/亩为宜，再生稻和小龙虾共生模式的虾苗投放时间通常在 5 月初。虾苗尽量在 7 天之内放完，选择温度较高的晴天中午投放，将虾苗慢慢投放在浅水区域，让其自行爬入水草中。虾苗尽量就近购买，减少运输损伤。

图 5   虾苗

（四）水草种植技术

1. 种植时间

当年 11 月至次年 4 月。

2. 种植品种

菹草、伊乐藻和矮叶苦草等耐低温品种。

3. 种植面积

确保虾苗放养时水草（图 6）覆盖面积占田面面积的 50%，水草过多时及时割除，不足时及时补充。

图 6   水草种植

(五) 投喂技术

小龙虾的养殖周期为 3 月至 5 月底，4 月 1 日前主要投喂发酵饲料，辅以少量配合饲料和豆粕；4 月 1 日后根据水温变化及吃食情况加大配合饲料（建议蛋白质含量 35％左右）投喂量。水温低于 10℃时不投喂，10～15℃时每 3～4 天投喂 1 次，16～20℃时每 2 天投喂一次，高于 20℃时建议每天投喂 1 次，投喂量为每亩 0.5～2 千克。低温阶段，水质调控主要采用腐殖酸钠遮光防止青苔生长，适量使用有机肥和复合肥，适当补碳；水温高于 20℃时，少施肥或不施肥，根据底质和水质情况，适当使用底改和微生物制剂调控水质和底质。

(六) 水位管理技术

水稻收割后，晒田 7～10 天后逐步加水，水深控制在 20～30 厘米；12 月至次年 3 月，水深控制在 30～50 厘米；4 月，水深控制在 30～40 厘米；5 月上中旬，水深控制在 40～50 厘米；6 月之后，水深以满足水稻生长发育为主进行控制（图 7）。

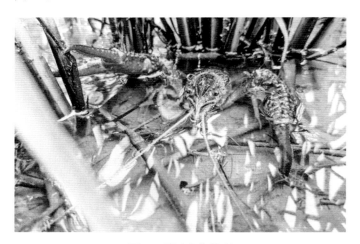

图 7　稻田水位管理

(七) 水质调控技术

每周使用水质测定试剂盒测定一次水质，记录稻田中的水温、pH 及氨氮、亚硝酸盐浓度，要求 pH 在 7～9 之间、溶解氧大于 5 毫克/升，氨氮浓度低于 0.5 毫克/升，亚硝酸盐浓度低于 0.2 毫克/升，透明度大于 30 厘米。养殖早中期，通过施肥、加水、泼洒微生态制剂调节水质；养殖后期，通过补肥、加水调节水质。

（八）敌害防治技术

利用生石灰清除野杂鱼，进水采用 80 目网袋过滤，日常注意清除田内敌害生物、驱赶水鸟。

（九）分批捕捞技术

1. 稻虾轮作模式

3 月初至 5 月上旬，采用网孔为 2.5～3 厘米的地笼分批捕捞成虾销售；5月中旬后，采用网孔为 1.6 厘米的地笼集中捕捞剩余小龙虾销售。

2. 再生稻＋小龙虾共生模式

6 月底至 7 月底采用网眼为 1.6 米的地笼捕捞成虾销售；8 月初排水干田，捕捞剩余小龙虾销售；8 月中旬收割第一季水稻。

三、适宜区域

该技术适宜在安徽、江苏、湖北、湖南、江西等长江中下游及河南南部单季水稻种植地区推广应用。其他省份单季水稻种植地区可参考使用。对于丘陵地区或落差较大的水稻种植区域，田块小但不平整，以及稻田平整但工程量大的地区，可以优先考虑选择这种模式。

四、注意事项

1. 尽量做到种虾或虾苗密度可控

该技术需要在种虾投放前加大稻田小龙虾的捕捞强度，地笼投放密度至少提高 1 倍；插秧前放水整田时，则需要用漂白粉等清除多余的小龙虾，以尽量做到种虾或苗种密度可控。

2. 注意稻、虾生产茬口的衔接

常规的稻田养殖小龙虾，其水稻插秧时间会延长到 6 月底甚至是 7 月初，而该技术稻田养殖小龙虾主要时间段为第一年 10 月至次年 5 月中旬，5 月底或 6 月初就需要完成水稻秧苗移栽，水稻种植期间田间管理主要围绕水稻生长发育开展，以确保稻、虾生产茬口合理衔接，保障水稻稳产。

"小龙虾＋水稻＋罗氏沼虾"轮作与共生技术

一、技术概述

（一）基本情况

传统"两虾一稻"模式为第一茬养殖小龙虾，水稻插秧后进行水稻和小龙虾共生养殖第二茬小龙虾。该模式第二茬小龙虾养殖期间恰逢高温，易出现高温打洞、发病死亡、成虾规格小、饲料系数高和亩产低等问题。此外，高温期稻田中小龙虾大量打洞，后期难以杀灭稻田中残留的小龙虾，次年大量繁殖，不利于育养分离。安徽省水产技术推广总站、上海海洋大学和宣州区水产技术推广站合作，经过连续 3 年的研究与示范，探索出"小龙虾＋水稻＋罗氏沼虾"轮作与共生模式（简称"虾稻虾模式"）。该模式第一季进行小龙虾早虾养殖，通常在 5 月中下旬出售完毕；第二茬为罗氏沼虾与水稻共生，利用罗氏沼虾耐高温、食性杂和规格大的特点，实现小龙虾和罗氏沼虾轮作（图 1）。该模式一方面通过两种虾的轮养，降低病害风险；另一方面，稻田低密度养殖的罗氏沼虾规格大、品质好、市场售价高，可以获得较高的经济效益。在不影响水稻产量的基础上，每亩产量可以实现小龙虾 150～200 千克、罗氏沼虾 30 千克和稻谷 500 千克以上，亩产值 9 000 元，亩利润 4 000 元，具有巨大的应用价值和市场潜力。

（二）示范推广情况

该模式起源于安徽省定远县和宣城市洪林镇的上海海洋大学稻渔科研基地，先后在安徽定远、宣城和上海崇明等地进行试验和示范，经过总结提升形成"小龙虾＋水稻＋罗氏沼虾"轮作与共生技术，2022 年在安徽省进行了

4 000亩的示范，且在江苏、浙江和上海等地开始试点推广。

图1　小龙虾与罗氏沼虾

（三）提质增效情况

小龙虾早虾养殖可以提早上市，获得较高的市场售价，近两年早虾平均售价30元/千克，亩产150～200千克，亩产值5 000元以上；第二茬大规格罗氏沼虾平均售价80～100元/千克，亩产约30千克，亩产值3 000元；稻谷亩产500千克，亩产值约1 200元，三者合计亩产值约为9 200元，净利润为4 000元左右。该模式减少化肥用量40％以上，减少农药使用量60％左右，且可以稳定粮食生产、提高经济效益、降低稻渔种养风险，有利于传统稻虾模式的转型升级。

二、技术要点

该模式主要技术要点为3月投放小龙虾早苗，5月底小龙虾捕捞完毕后插秧；水稻秧苗活棵后投放罗氏沼虾苗，在环沟中种植轮叶黑藻；8月中旬开始出售罗氏沼虾。重点在虾苗投放、水草种植、饵料投喂和适时捕捞四个操作环节。同时需要做好日常管理措施，如水质调控、水位控制和水稻管理等。

（一）田块选择与简易改造

选择水源充足、土壤肥沃和田埂坚硬的田块，田块四周需要开挖宽2米、深40～50厘米的环沟，或者在稻田中间挖宽2～4米的十字沟，以便种植轮叶黑藻和捕捞罗氏沼虾，环沟面积控制在田块面积的10％以内。四周田埂高度需高出中间田面 60～80 厘米，稻田四周铺设 40 厘米高的防逃围板，靠近大路的田埂预留 3 米宽的机耕通道，便于农机进出稻田作业，机耕通道处围板建议使用可拆卸式围板。稻田改造见图 2。

图 2　稻田改造

（二）种草

12 月至次年 1 月，对稻田进行旋耕翻土，每亩使用适量的基肥，然后在边沟和平台上种植伊乐藻（水草团直径为 50 厘米左右），株距和行距各 2 米左右，用泥土压住伊乐藻；种植伊乐藻后，在平台上加水至水深 30 厘米左右。经常检查水草生长情况，适时使用肥料，及时移栽或者割除多余水草，确保次年 3 月放苗时水草覆盖池塘面积约 50%（图 3）。罗氏沼虾放养前（5 月至 6 月底），在环沟中种植轮叶黑藻，种植后做好施肥和防虫工作。

（三）小龙虾放苗

3 月投放虾苗，苗种规格约 3 克/尾，投放密度为 6 000～7 000 只/亩。选择温度较高的晴天中午投放，将虾苗慢慢投放在浅水区域，让其自行爬入水草中。虾苗尽量就近购买，减少运输损伤，虾苗尽量在 5 天之内投放完毕。

（四）小龙虾日常管理

小龙虾的养殖周期为 3 月至 5 月底，4 月 1 日前主要投喂发酵饲料，辅以

图 3　水草种植

少量配合饲料和豆粕；4 月 1 日后根据水温变化及吃食情况加大配合饲料投喂量（建议蛋白含量为 35％左右）。水温低于 10℃时不投喂，水温 10～15℃时每 3～4 天投喂 1 次，水温 16～20℃时每 2 天投喂一次，水温高于 20℃时每天投喂一次，投喂量为每亩 0.5～2.0 千克。低温阶段，水质调控主要采用腐殖酸钠遮光防止青苔生长，适量使用有机肥和复合肥，适当补碳；水温高于20℃时，少施肥或不施肥，根据底质和水质情况，适当使用微生物制剂和底质改良制调控水质和底质。

（五）小龙虾捕捞与清塘

根据小龙虾的平均体重和市场价格确定捕捞时间，通常 4 月上中旬开始捕捞，采用网眼直径为 2.5～3.0 厘米的地笼捕捞成虾。捕捞期间，适当减少投喂量以增加小龙虾的活动量，提高捕捞效率。5 月底之前完成早虾捕捞、放水晒田和清塘工作。

（六）插秧及水稻管理

水稻品种建议为南粳 9108、嘉优中科六号和甬优 4901 等，根据各地适宜品种进行选择。5 月底至 6 月初采用机插秧（水稻行距 30 厘米，株距 20 厘米），每隔 10 米左右少插秧一行，增加罗氏沼虾的活动空间；插秧前每亩使用复合肥 10 千克作为基肥；插秧后，水位控制在淹没秧苗 2 厘米左右，秧苗活棵以后适当降低水位，让秧苗扎根；水稻分蘖期，每亩施 10 千克复合肥和 3 千克尿素，分两次使用以提高肥效；水稻灌浆期，根据具体情况，确定合适的施肥量和肥料种类。6—9 月，逐步加深水位，种稻平台上水深 30～50 厘米；10 月中旬，罗氏沼虾出售完毕后，排水晒田，准备收割水稻。

（七）罗氏沼虾放苗与管理

5 月下旬至 7 月初投放罗氏沼虾虾苗，根据苗种大小确定投放密度。苗种规格为 5～10 克/尾，投放密度为 600～800 只/亩；苗种规格为 1～2 克/尾，投放密度为 1 000～1 600 只/亩。虾苗投放后开始投喂，投喂量为存塘虾总重量的 1%～4%，饲料中蛋白含量为 35%～40%，投喂方式为全田泼洒，环沟中适当多投喂，有条件者可使用无人机投喂，以节省人工。平均水温超过 32℃时每 2 天投喂一次。高温期间，有条件的稻田可在四周环沟或者中间十字沟架设水车增氧机（0.1 千瓦/亩），防止高温天气缺氧导致罗氏沼虾死亡。

（八）水质测定与管理

每周使用水质测定试剂盒测定一次水质，记录稻田中的水温、氨氮、亚硝酸盐和 pH，要求氨氮<0.5 毫克/升，亚硝酸盐<0.2 毫克/升，pH 在 7～9。每半个月进行一次消毒和改底，经常灌注新水，改善水质。每日早晚各巡塘一次，观察罗氏沼虾吃食和活动情况并做好记录。

（九）罗氏沼虾捕捞与销售

8 月中旬至 10 月初，采用网眼直径为 3 厘米的地笼捕捞罗氏沼虾，捕捞前清除四周环沟和中间十字沟中水草，促进罗氏沼虾活动和进笼。大规格虾苗（5～10 克/尾）在稻田中养殖 50 天，平均体重可达到 60 克左右，即可捕大留小，分批上市；小规格虾苗（1～2 克/尾）在稻田中养殖 80 天左右，平均规格可达 40 克左右，即可起捕上市（图 4）；日平均水温低于 18℃时，需要逐步排水至沟中，将存塘虾全部起捕完毕，防止低温造成罗氏沼虾死亡。罗氏沼虾长途运输需要使用专用运输箱，进行增氧运输。

（十）水稻收割

罗氏沼虾捕捞完成后，根据水稻生长情况将稻田水体排干晒田，待水稻完全成熟后，采用收割机收割，通常在 10 月中旬至 11 月初完成水稻收割（图 5）；水稻收割后，进行秸秆还田，晒田至 12 月底上水和种草。

图 4　罗氏沼虾收获

图 5　水稻收割

三、适宜区域

　　该技术适宜在安徽、湖北、湖南、江苏、浙江和上海等长江中下游地区推广应用，这些地区的无霜期通常在 210 天以上，气温和水温条件适合开展"小龙虾早虾＋水稻＋罗氏沼虾"的种养模式，且这些地区是罗氏沼虾的传统养殖区域和消费市场。其他无霜期在 210 天以上且种植单季水稻的地区可参考使用。

四、注意事项

（一）虾苗种密度可控

10—11 月水稻收割后，对稻田进行暴晒可以杀死大部分杂鱼虾和敌害生物，伊乐藻种植前采用生石灰或漂白粉清除稻田中残留小龙虾，防止自繁，确保小龙虾密度可控。小龙虾捕捞结束后（5月底至6月初），再次彻底清塘消毒，杀灭残留的小龙虾，以免影响罗氏沼虾养殖，使得第二茬罗氏沼虾的养殖密度可控。

（二）该模式稻虾茬口衔接的变化

第一茬是养殖早虾，需要在3月投放好苗种，5月中下旬捕捞完毕，5月底至7月初插秧，不同插秧时间选择的水稻品种有所不同，5月底至6月初插秧宜选择中熟品种；6月下旬至7月初插秧，宜选择晚熟品种。水稻秧苗返青后即可投放罗氏沼虾苗种，罗氏沼虾苗种放养时间为5月底至7月初，投放小规格苗种（1～3克/尾）养殖时间相对较长，投放大规格苗种（5～10克/尾）养殖时间较短。罗氏沼虾捕捞需要考虑日平均水温和水稻收割，稻田日平均水温低于18℃时，罗氏沼虾开始死亡，罗氏沼虾捕捞应该在水稻收割前完成，以便晒田后收割水稻。

（三）水草种植和管理

小龙虾早虾和罗氏沼虾养殖成功的关键之一就是水草种植与管理科学。小龙虾早虾养殖需要在环沟和平台上种植伊乐藻，后期需要清除过多的伊乐藻。罗氏沼虾养殖需要在环沟中种植轮叶黑藻，轮叶黑藻不仅可以作为罗氏沼虾的天然饵料，还可以为罗氏沼虾蜕壳提供隐蔽环境和净化水环境；罗氏沼虾养殖后期，需要清除稻田中过多的轮叶黑藻，防止罗氏沼虾养殖缺氧；罗氏沼虾捕捞时，需要清除大部分轮叶黑藻，防止罗氏沼虾隐藏在轮叶黑藻中，难以捕捞干净。

稻虾鳝生态综合种养技术

一、技术概述

稻虾鳝生态综合种养技术是在原稻虾综合种养技术的基础上，利用黄鳝的生态习性，通过黄鳝摄食病弱虾及虾苗，有效控制小龙虾密度，提高大规格小龙虾产出比例，同时，黄鳝自身经济价值较高，能有效促进稻田综合种养技术提质增效。该技术不仅解决了稻虾种养模式中小龙虾成熟繁殖后养殖密度难以预测、规格小、高温红壳率高、早熟、下半年围沟闲置等问题，而且解决了稻鳝种养模式中上半年围沟闲置、黄鳝饵料不足、投资成本高、养殖风险高等问题。

二、技术要点

（一）稻田条件

1. 稻田选择

稻田要求地势平坦，排灌方便，土质以壤土、黏土为宜。水源充足，水质应符合 GB 11607《渔业水质标准》的规定。

2. 稻田面积

稻田面积不宜过小或过大，要求 5 亩以上，以 30～50 亩为宜，在生产实际中可根据田块大小酌情增减。

（二）稻田改造

开展稻虾鳝生态综合种养，首先要对稻田进行改造，主要包括开挖边沟、加固田埂、改造进排水系统、建设防逃设施等内容。改造后的生产单元平面图见图 1。

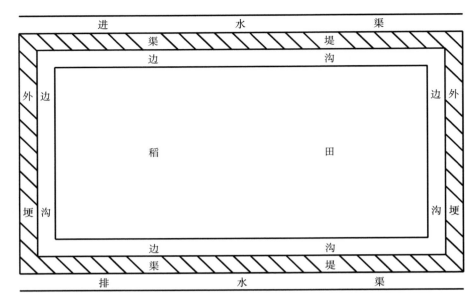

图 1　生产单元平面图

1. 边沟

沿稻田田埂内侧 2 米开挖边沟（图 2），边沟结合稻田形状和大小，可挖成环形、U 形、L 形、I 形等形状，面积较大的稻田以环形居多。边沟上宽下窄，面宽 3～4 米，沟深 1.0～1.5 米，边沟面积不超过稻田总面积的 10％。靠田面一侧坡面较缓，坡比 1∶1.5 左右，田埂一侧坡面较陡，坡比 1∶1 左右。在靠近主干道的边沟一侧预埋涵管留作机耕道，机耕道宽 3～4 米，方便农业机械进出和操作。

2. 田埂

利用田埂周边的泥土加宽、加高田埂。田埂加高加宽时，宜逐层打紧夯实，堤埂不应开裂、渗漏。改造后的田埂，高度宜高出田面 0.7～0.8 米，埂面宽不少于 1.5 米，使稻田最高水位能达到 0.5～0.6 米。

3. 进排水设施

具备相对独立的进排水设施。进水口建在田埂上，排水口建在边沟最低处。进水口和排水口呈对角设置且均安装过滤网。进水口过滤网宜为双层，用 60 目的网片做成长 1.5 米、直径 0.3 米左右的长型网袋；排水口过滤网宜为单层，用 20 目的网片直接固定。

图 2　边沟

4. 防逃设施

用塑料薄膜或钙塑板沿外埂四周围成封闭防逃墙，防逃墙埋入地下 0.15～0.2 米，高出地面 0.4～0.5 米，四角转弯处呈弧形。每隔 1～2 米用竹竿、木棍等固定，保持防逃设施直立。

（三）准备工作

1. 稻田消毒

稻田改造完成后，边沟加水至与田面平齐，遍洒生石灰对边沟进行消毒，按照边沟实际面积，生石灰用量为 150 千克/亩。

2. 水草种植

（1）田面种植　田面宜种植伊乐藻，种植时间为当年 11 月至第二年 2 月。水位加至田面上 0.2 米左右，开始种植伊乐藻。伊乐藻可呈棋盘状种植，要求行距 8 米左右，株距 6 米左右，伊乐藻草团直径为 0.3～0.5 米。

（2）边沟种植　边沟内选种伊乐藻、喜旱莲子草（水花生）等水草，种植面积占边沟面积的 30% 左右。伊乐藻种植时间与田面上种植伊乐藻时间相同，喜旱莲子草宜在春季水温高于 15℃时种植。

（四）小龙虾养殖

1. 苗种投放

（1）苗种来源　苗种可以自己培育，也可以外购。外购优先选择本地具有水产苗种生产经营许可证的企业生产的苗种，并经检疫合格。

（2）苗种质量　苗种质量宜符合以下要求：规格整齐；附肢齐全、体表光滑；反应敏捷，活动能力强；体色为青褐色最佳，淡红色次之；苗种离水运输时间不宜超过2小时。

（3）投放时间　一般在3月中旬至4月中旬投放苗种，在生产实际中可根据天气情况酌情调整。

（4）规格及投放量　规格240～300只/千克的苗种，投放量宜为6 000～7 000只/亩；规格160～240只/千克的苗种，投放量宜为5 000～6 000只/亩。

（5）投放方法　苗种的投放选择在晴天的早上进行并避免阳光直射。如离水时间不超过2小时，直接将虾分开轻放到浅水区或水草较多的地方，使其自行进入水中；如离水时间超过2小时，放养前应进行如下操作：先将虾在稻田水中浸泡1分钟左右，提起离水搁置2～3分钟，再浸泡1分钟，再离水搁置2～3分钟，如此反复2～3次，使虾体表和鳃腔吸足水分，再将虾分开轻放到浅水区或水草较多的地方，让其自行进入水中。

2. 养殖管理

（1）水位控制　3月水位控制在高于田面0.3米左右，4月水位控制在高于田面0.4米左右，5月至整田前水位控制在高于田面0.4～0.5米。

（2）水质调节　根据水色、天气和虾的活动情况，采取施肥、加水、换水、泼洒有益菌等措施使整个养殖期间水体透明度控制在0.35～0.45米。

（3）饵料投喂　饵料种类包括植物性饵料、动物性饵料和专用配合饲料，建议以配合饲料为主。饵料宜早晚投喂，以傍晚为主，傍晚投喂量占全天投喂量的60%～70%。饵料投喂时应均匀投在无草区，日投饵量为稻田内虾总重的2%～6%，以4小时吃完为宜，具体投喂量根据天气和虾的摄食情况进行调整。

（4）水草管理　水草面积控制在田面面积的30%～50%，水草过多时及时割除，水草不足时及时补充。经常检查水草生长情况，水草根部发黄或白根较少时及时施肥。在水草虫害高发季节，每天检查水草有无异常，发现虫害，及时进行处理。伊乐藻顶端保持低于水面0.15米左右，如长出水面应及时割除。

（5）巡田　每日早晚巡田，观察稻田的水质变化以及虾的吃食、生长活动、有无病害等情况，及时调整投饵量，定期检查、维修防逃设施，发现问题及时处理。

（6）敌害防控　发现有野杂鱼，可选用茶饼控制；鼠类可在田埂上设置鼠夹、鼠笼等加以捕杀；鸟类及水禽及时进行驱赶。

（7）病害防控　遵循"防重于治"的基本原则。发生病害时，应准确诊断、对症治疗，治疗用药应符合 SC/T 1132《渔药使用规范》的规定。平时宜采取以下措施预防病害。

①苗种放养前，全田泼洒生石灰消毒。

②运输和投放苗种时，避免造成虾体损伤。

③加强水草的养护管理。

④定期改良底质，调节水质。

⑤适时捕捞上市，降低存田密度。

3. 商品虾起捕

（1）商品虾起捕　时间宜为 4 月中旬至 6 月上旬（图 3）。

图 3　商品虾收获

（2）起捕工具　起捕工具以地笼为主，地笼网眼规格以 2.5～4.0 厘米为宜。

（3）起捕方法　将地笼放在田面上及边沟内，隔 3～5 天转换一个放置点。地笼放置密度为 2 个/亩，生产实践中可根据稻田面积、地笼规格、小龙虾密度以及市场行情进行调整。

(五) 水稻种植

1. 品种选用

选用分蘖力强、株型紧凑、茎秆粗壮、叶片张开角度小、抗倒伏、耐肥、抗病虫害能力强、熟期适宜的优质高产水稻品种。

2. 田面整理

秧苗栽插前 5 天左右整田，达到机械插秧或人工插秧的要求。

3. 秧苗栽插

秧苗在 5 月中下旬至 6 月中旬完成栽插，宜选择机械栽插或人工栽插。机械栽插株行距约为 16 厘米、30 厘米，每亩插 1.39 万穴左右；人工栽插株行距约为 17 厘米、24 厘米，每亩插 1.63 万穴左右。

4. 平衡施肥

对于第一年养虾的稻田，可以在插秧前的 10~15 天，每亩施用农家肥 200~300 千克，尿素 10~15 千克，均匀撒在田面并用机器翻耕耙匀。在发现水稻脱肥时，还应进行追肥。追肥一般每月一次，可根据水稻的生长期及生长情况施用有机肥，也可以施用生物复合肥。严禁使用对小龙虾、黄鳝有害的化肥，如氨水、碳酸氢铵等。

对于养虾一年以上的稻田，随着稻虾种养模式年限延续，一般逐步下调氮肥用量。稻虾种养前 5 年，每年施氮量相对上一年下降约 10%；稻虾种养 5 年及以上的稻田，中籼稻施氮量维持在常规单作施氮量的 40%~50%。氮肥按 4∶3∶3（即基肥 40%、返青分蘖肥 30%、穗肥 30%）的比例施用；钾肥按 6∶4（即基肥 60%、穗肥 40%）的比例施用。硅肥施用量为 1 千克/亩左右，锌肥施用量为 0.1 千克/亩左右，全部作基肥。

5. 科学晒田

晒田时应根据不同栽期、土壤类型、水源条件、田间苗情按"苗够不等时、时到不等苗"的原则适时晒田（一般水稻栽插后 25~30 天）。在水稻分蘖末期，秧苗壮，早插秧的田块达到预期株数的 80% 时可以晒田，按田块、长势等条件来决定晒田时间。

晒田应按照看田、看苗、看天气的原则来确定晒田程度，以"下田不陷脚，田间起裂缝，白根地面翻，叶色退淡，叶片挺直"为晒田标准（图

4）。茎数足、叶色浓、长势旺盛的稻田要早晒田、重晒田，反之应迟晒田和轻晒田；禾苗长势一般，茎数不足、叶片色泽不十分浓绿的，采取中晒、轻晒或不晒。肥田、低洼田、冷浸田宜重晒田，反之，瘦田、高岗田应轻晒田。

图 4　晒田

6. 水位控制

分蘖前期做到薄水返青、浅水分蘖；当总茎蘖数达到预计穗数的 80% 左右（13 万～15 万穗）时或在 7 月 5 日前后，自然断水落干晒田，保持边沟水位与田面落差在 15 厘米以上；晒田复水后湿润管理，孕穗期保持 3～5 厘米水层；抽穗以后采用干湿交替管理，抽穗至灌浆期，遇高温灌 6～9 厘米深水调温；收获前 7～10 天断水。

7. 病虫害防治

坚持"预防为主，综合防治"的原则，优先采用物理防治和生物防治，配合使用化学防治。小龙虾、黄鳝对许多农药都很敏感，稻虾鳝种养的原则是能不用药时坚决不用，需要用药时则选用高效、低毒、低残留农药和生物制剂，不得使用有机磷、菊酯类高毒及高残留的杀虫剂和对小龙虾、黄鳝有毒的氰氟草酯、噁草酮等除草剂。

（1）物理防治　每 30～50 亩安装一盏杀虫灯诱杀成虫。

（2）生物防治　利用和保护好害虫天敌，使用性诱剂诱杀成虫，使用杀螟杆菌及生物农药 Bt 粉剂防治螟虫。

（3）化学防治　重点防治好稻蓟马、螟虫、稻飞虱、稻纵卷叶螟等害虫。

8. 水稻收割

9 月中旬至 10 月中旬，当稻谷成熟 90% 时要及时用收割机进行水稻收割，稻桩保留高度在 40～50 厘米，秸秆全部还田作小龙虾饵料。水稻收获后及时上水，以促进小龙虾出洞繁苗。

（六）黄鳝养殖

1. 苗种投放

（1）苗种选择　苗种来源以人工繁育苗为佳，若投放野生黄鳝苗，应选择无病、无伤、体表光滑、黏液丰富、活动能力强的健康个体，以深黄大斑鳝为宜。

（2）投放时间　一般在 7 月上中旬投放苗种，选择气温平稳、连续晴天的上午投放。

（3）规格及投放量　苗种规格为 20～30 尾/千克，投放密度为 5～10 千克/亩。

（4）投放方法　将黄鳝苗种直接分散投入到边沟的水中。

2. 养殖管理

黄鳝以稻田中小龙虾苗种和其他天然饵料为食，无需另外投喂饲料。如果稻田中天然饵料不足，可以适量投放低价小规格小龙虾苗种。水位控制和水质调节没有特殊要求，病害防控以生态防控为主。

3. 黄鳝捕捞

黄鳝起捕的时间、工具和方法与小龙虾起捕完全相同（图 5）。起捕过程中注意捕大留小，将小个体黄鳝仍然放回稻田中，直到 6 月小龙虾养殖结束时将稻田内黄鳝全部捕出。

图 5 收获小龙虾、黄鳝

三、适宜区域

适宜在水资源丰富的区域推广。

集装箱式循环水生态养殖技术

一、技术概述

通过建立以"集装箱式养殖箱"为载体的工业化养殖平台，搭载自动化控制设备和数字化监控系统，实现水产养殖生态化、设施化、自动化、标准化的发展。养殖尾水通过分离过滤装置并配套粪污收集池和四级生态池塘，有效解决养殖业污染治理难的问题；通过"集装箱式循环水生态养殖"技术模式创新，不仅提升我国渔业科技水平，大幅提高了渔业抗自然灾害的能力，解决了传统农业靠天吃饭的问题，而且病害防控手段更加高效，食品安全由以前的按池塘追溯转变为现在的按养殖箱追溯，食品安全防控更加精准；成鱼收获过程更为便捷高效，极大地降低工人的劳动强度，同时降低水产运输损耗，改变传统养殖业粗放发展的面貌。此外，能够有效提升水产品品质，经过反复验证：没有土腥味、没有肝吸虫、没有药残、没有重金属。

随着科技的进一步发展，"集装箱式循环水生态养殖"技术模式还将为渔业自动化、智能化发展搭建起更多研发接口平台，为我国渔业健康可持续发展提供有力支撑。

二、技术要点

（一）养殖系统的构成

集装箱式循环水养殖系统通常包括以下几个部分：集装箱式养殖箱体、进排水系统（潜水泵和输水管道）、增氧系统（罗茨增氧机、输气管道和纳米曝气管）、杀菌系统（臭氧发生器或紫外杀菌灯）、水质监测系统（溶解氧、温度、pH 等传感器和水质分析软件)、高效集污系统(集污槽、干湿分离器、沉淀池)、四级生态池塘。

集装箱式养殖箱体(图 1、图 2),采用标准柜 20 英尺*设计(长约 6.0 米、宽约 2.4 米、高约 2.8 米),有效水体容积 25 米³。主体材质以碳钢为主,箱内部喷涂环保型树脂漆,以防止箱体腐蚀;箱体顶端设有天窗,可供观察及投喂饵料;箱体底部为约 10°坡度斜面,可高效集污和快捷收鱼;箱体前端配直径 300 毫米的圆形出鱼口,成鱼收获时通过出鱼口(图 3)放出;另设进水口 1 个,进气口 1 个,出水口 1 个,液位控制管 1 个。

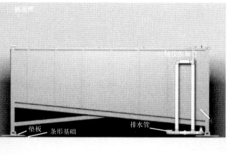

图 1 箱体外观示意

图 2 养殖箱内养殖鱼类

更多详细内容可以查阅《陆基推水集装箱式水产养殖技术规范 通则》(SC/T 1150—2020)。

---

* 英尺为非法定计量单位,1 英尺≈0.3 米。

图 3　出鱼口

（二）"三塘四坝一湿地"尾水净化

（1）工艺流程　养殖尾水经固液分离过滤后，固体粪渣进入化粪池，剩余尾水经生态沟渠→一级溢流坝→一级沉淀氧化塘→二级溢流坝→二级表面流人工湿地→三级溢流坝→三级兼性塘→四级溢流坝→四级复氧增氧塘，经增氧机曝气和杀菌（图 4）后，水质达标即可以循环利用。

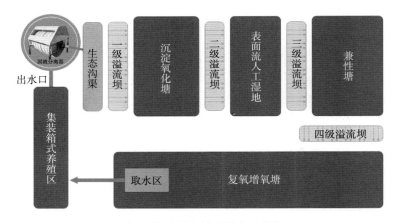

图 4　养殖尾水处理模式示意图

（2）粪污收集　在养殖箱附近搭建 1 个鱼粪收集池，容积约 10 米³，每 10 个养殖箱安装 1 台用于固液分离的干湿分离器，分离后的粪污用管道送入鱼粪收集池，沉淀发酵后作为有机肥种植蔬菜，上清液经生态沟渠或溢流管导入一级沉淀氧化塘处理。

（3）面积配比　养殖箱和尾水净化池塘的配比通常按照 1 亩水面配 3 个养

殖箱，并应结合当地水源情况适当调整配比。四级生态池塘的面积占比，可以参照 2∶1∶2∶5 的比例分隔，均采用"溢流坝"表层过水流，上下级池塘间落差 20 厘米，形成剪切水流，可有效抑制蓝藻暴发。

（4）四级池塘和溢流坝

一级沉淀氧化塘：主要用于沉淀经固液分离之后剩余水体中的固体物质。沉淀氧化塘水深为 4.5～5.0 米，兼有表面氧化反应、底部酸化和厌氧反应的功能。

二级表面流人工湿地：池内种植沉水、挺水、浮叶等各类水生植物以及大型藻类（覆盖面积占该植物湿地水面的 70%），以吸收净化水体中的氮、磷等营养盐。

三级兼性塘：主要进行硝化和反硝化反应，减少氮的积累。同时底部放比表面积大的人工填料。

四级复氧增氧塘：主要是依靠有益藻类自然复氧和增氧，保证池中溶解氧不低于 5 毫克/升，同时安装适量的叶轮式增氧机，在自然复氧能力不足如阴天或夜晚时使用。

溢流坝：在生态沟渠、一级沉淀氧化塘、二级表面流湿地、三级兼性塘与四级复氧增氧塘之间各建一条溢流坝，长度占塘宽的 80% 以上、宽 1.5 米左右，起到水流剪切、吸附过滤、空气曝气等作用。

（三）养殖前准备

（1）水源要求　水质要求清新无污染，达到地表Ⅲ类水标准以上，且常年可以供应，溶解氧＞6.0 毫克/升，水温在 25～30℃，pH 为 7.5～8.5，氨氮、亚硝酸盐、重金属等指标不超标，周边 5 千米范围内没有工厂污染源。

（2）场址选址　应使用一般农用地，禁止占用耕地，面积可以参照建 100 个箱需 50 亩用地标准，场地最好平整无坡坎，形状近似长方形或正方形，租期约为 20 年，并应及时取得水产养殖许可证和当地设施农用地备案。

（3）周边交通　道路交通便利，路面应能通过约 9 米长的重型货车，道路限宽应不低于 6.0 米，限高不低于 4.2 米，保证养殖箱能顺利运输到现场指定位置进行吊装。此外，场地距离市区距离以不超过 1 个小时车程为宜，以方便配送。

（4）气候条件　根据当地全年气温变化情况，选择合适的水产养殖品种。

如冬天水温度过低的地方，会威胁到某些养殖品种的生存，需要根据实际情况，搭建保温棚。

（5）能源电力　满足正常通电，电压稳定，达到380伏和220伏，避免出现经常性停电或停电时间过久的情况；应配备好发电机组，停电时可应急使用，距离加油站距离适宜，周边30公里内有液氧充气站更佳。

（6）池塘条件　按照"三塘四坝一湿地"的模式设计，如果有旧池塘，可以对原有池塘进行分级改造，池塘水深平均1.5米，塘基坡度适宜，防止垮塌。池塘底部淤泥不超过20厘米，底泥重金属含量不超标，应做好砂质池塘防渗漏工作。"溢流坝"可以采用砖砌或水泥加固，中间可以填充火山石等。

（7）地基基础　养殖箱体装满水后重约30吨，四个支脚受力较大，容易发生地基下沉现象，因此需要夯实基础（图5），并用钢结构加水泥硬化条形基础，保持箱体不倾斜。

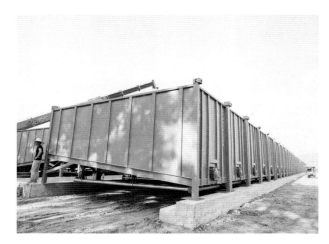

图5　养殖箱基础示意图

（四）适养品种

应提前做好养殖需求计划，采购鱼苗（图6）、饲料、动保产品和渔药；养殖管理或技术人员应具备专业水产养殖基础知识，并进行一定时间的养殖设备操作培训。

（五）养殖生产

（1）箱体和水体消毒　清除箱体内异物，箱体内消毒使用10毫克/升强氯精（化学成分为三氯异氰脲酸）稀释后均匀泼洒，停放24小时后冲洗干净。

图 6　养殖品种选择

加满养殖用水，用 0.1 毫克/升复合碘稀释后倒入水体消毒 12 小时以上，其间打开罗茨鼓风机曝气，水体溶解氧浓度保持在 6 毫克/升以上。

（2）苗种放养　从正规水产种苗场采购符合标准的鱼苗，体质健康，活力良好，规格均匀。进箱前，苗种用 3‰～5‰ 的食盐水浸洗 10～20 分钟，可消杀大部分细菌、霉菌等。

（3）曝气调节　养殖小规格鱼苗，需要注意箱内气流大小，可通过控制阀门开关来调节气流量。若多个箱的气流都需要调小，需要注意罗茨鼓风机的安全压力范围，及时打开排气阀。

（4）饲养管理　刚进箱外伤比较严重的鱼苗，每隔 1 天需要用 0.1 毫克/升的复合碘药浴消毒一次，药浴时关闭水循环，保持溶解氧（注意消毒期间不喂料）。鱼苗进箱后第 2 天可以少量投喂，按 0.5‰～1‰ 投饵率，逐步上调到正常投饵率，其间拌料内服氟苯尼考，同时使用维生素 C 等饲料添加剂，用 5～7 天，以增强鱼苗的免疫力。鱼苗进箱后的前几天，最好投喂鱼苗场提供的适口饲料来过渡。进入正常养殖阶段后，建议使用膨化饲料，投喂时应将饲料均匀撒投，防止鱼苗因争食而挤伤。根据鱼苗生长的不同阶段，选择粒径适口的饵料，提高饲养效果。每日投喂量为鱼苗体重的 2‰～4‰，同时应在投喂 30 分钟后检查吃料情况，以调整下一餐投喂量，避免饲料浪费。天气异常或病害发生时，应及时减料或停料，降低鱼苗肝胆负荷。

（5）病害预防管理　鱼苗进箱后，需要 1 周左右适应养殖环境。应定期检查鱼苗情况，每个品种打捞 2～3 尾鱼，解剖查看肝胆肠胃是否健康，同时显微镜镜检是否有寄生虫侵害。饲养期间，多采用 0.1 毫克/升复合碘药浴或盐水盐浴（盐度为 6）等方式，进行日常病害的预防，可根据鱼苗的吃料状况和水质变化情况灵活运用。一旦发现死亡量迅速增长，应拌料内服氟苯尼考、三黄散等，同步减少饲料用量，并适当拌大蒜素投喂，必要时应切断水循环，防止交叉感染。

（6）水质管理　每天 8：00 左右打开箱体底排管，高浓度的粪污会进入化粪池，切换排水阀门，之后继续排水至原水位的 1/2，其间打开进水阀门，以30 分钟左右加满水为宜，如时间太长容易引起鱼苗缺氧。

池塘生态系统应维持平稳状态，在池塘内搭养适量的鲢、鳙等滤食性鱼类和鲶、鲮等杂食性鱼类，维持水体藻类丰度。如水体变浓或水位不足时，应补充新鲜水源，亦可适量泼洒杀藻药物。养殖期间，应定期监测水质指标，如氨氮、亚硝酸盐、pH、溶解氧等，做好记录。

（7）生产记录　养殖期间应做好养殖生产记录，包括饲料投喂记录、养殖用药记录、水质监测记录、动保和饲料领用记录、无害化处理记录等，建立供应商管理档案，做好生产对应台账管理。

（六）应急预防

为减少安全生产隐患，如停电或停气，可在网上购买 220 伏停电停气报警器（图 7），安装简单方便，主机安装在监控室或值班室内，无线气压探测器安装在箱体上，插入电话卡，设置好报警号码，停电或停气时会自动打电话通知提示报警，减少因断电停气带来的损失。每周应测试一下报警器是否正常工作。

（七）收获和运输

（1）出鱼前准备　按需求方的订单来确定出货品种和数量，提前一周停料，增加水体循环量，加大曝气量，锻炼成鱼的抗应激能力。为了使鱼适应运输水温，可以通过加井水或加冰的方式将水温逐步调节到 22℃ 左右，每天温度变化不超过 2℃。

出鱼前，降低至 1/4 水位，采用低浓度二氧化碳麻醉后再出鱼，减少成鱼应激和损伤。

（2）运输车准备　水车到达后先清洗舱室，加新鲜水，加冰降温，保证水

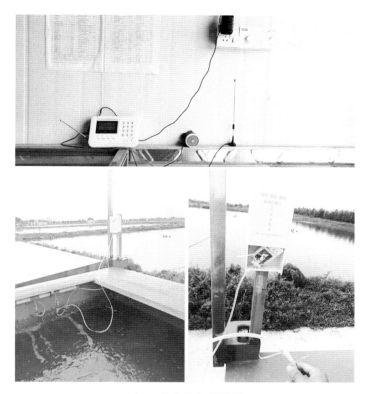

图 7　停电停气报警器

温在 22℃ 左右。鱼舱水体内放入抗应激药品，以减少成鱼应激及机械损伤。成鱼麻醉称重后放入鱼舱，注意称重速度要快并全程带水操作（图 8）。

图 8　成鱼收获

三、适宜区域

全国水产养殖区。

近海新型环保网箱养殖技术

一、技术概述

传统网箱采用泡沫浮球和木板作支撑，抗风能力差、使用寿命短，易形成大量海漂垃圾，污染海洋环境，且网箱规格小、养殖密度高、活动范围小，容易发生病害。新型环保网箱是将传统网箱的泡沫浮球更换为高密度聚乙烯（HDPE）材质塑胶浮球，木质踏板更换为高密度聚乙烯（HDPE）材质塑胶踏板，是一种生态环保型网箱，对于降低养殖成本、减少白色污染、提升养殖生产安全和保护生态环境都大有裨益，同时加速了渔业三产融合。近海新型环保网箱养殖技术是利用改造升级后的环保网箱在近岸浅水区开展养殖，同时配备轨道运输、智能监控等的一种养殖技术。2018 年，福建省在宁德海域试点开展海上养殖综合整治，升级改造新型环保网箱 55.7 万口，走出了一条依法养殖、科学养殖、环保养殖的致富之路，成为海上养殖综合整治典型案例和宁德市全面深化改革系列成果之一，现已全面淘汰传统养殖渔排，建有新型环保网箱超 100 万口，遍布福建省沿海养殖区。

二、技术要点

（一）新型环保网箱结构

近海新型环保网箱是采用高密度聚乙烯（HDPE）等非再生塑胶为原料制作浮式框架并配备网衣而成。每个大网箱内部用高密度聚乙烯（HDPE）踏板和浮筒进行内部分隔，隔成多个小网箱，浮筒作浮力支撑，数量应满足整体浮力要求，使踏板高出水面≥25 厘米。近海网箱框架形状为方形。网箱网衣由网片和纲绳组成，网片采用聚乙烯或尼龙材质，苗种培育使用无结节网片，成鱼养殖宜使用有结节网片。网目大小应根据养殖品种、养殖阶段（鱼体大小）、水流速度等综合评估确定。每个小网箱单挂 1 张网衣，网目为 1.8～2.0 厘米，便于小苗阶段养殖管理；每个大网箱踏板内外各挂 1 张大网衣，网目为 3.5～5 厘米（图 1）。2023 年，福建省海参养殖引进网箱养殖技术（图 2），建设新型环保网箱约 9 万口，目前每个网箱的规格为 5 米×5 米和 4.1 米×3.3 米，单挂 1 张网衣，网底平整、硬实，底网网目为 0.8～1.3 厘米，边网网目 1.8 厘米，网深 0.8～1 米。

图 1　海水鱼类网箱

图 2　海参网箱

（二）养殖区布局

在规划的养殖区内，渔排沿潮流方向设置。为保证养殖区潮流畅通，单个养殖区面积≤$8.0×10^4$米^2，区内设置不少于 1 个 50 米以上的主通道，若干个 20 米以上的次通道，各养殖区之间距离保持在 500 米以上。选择中小风浪区，低潮时水深≥8 米，潮流畅通，流速≤1.5 米/秒，流向平直稳定；流速偏大的海区通过技术措施能加以控制的也可以作为养殖区。

（三）苗种投放

苗种要选择规模相对较大、信誉好的繁育场进行购买，投放苗种规格较大且整齐、健壮、活力好、无损伤、无病害。实行苗种产地检疫制度，控制苗种质量。选择小潮期间、天气晴好的上午进行投放为宜。海水鱼苗全长 5 厘米的苗种放养密度为 300～500 尾/米^3，随着鱼体的长大放养密度逐渐降低，至规格 50 克/尾时放养密度降至 100～150 尾/米^3，至规格 500 克/尾时放养密度以 20 尾/米^{3}为宜。海参苗种规格为 10～30 头/千克，投放密度为 60 千克。

（四）饲料投喂

配合饲料具有营养全面、利用率高、生产周期短、成本低、安全性高的优点，对养殖水体污染小；可改善动物肠道健康，提高免疫力，降低疾病发生率，改善水产动物肌肉营养水平等优点。石斑鱼、花鲈、大黄鱼等网箱养殖品种都有适口的配合饲料。一般根据鱼体大小选择投喂适口的颗粒配合饲料（图 3）。苗种刚入网箱时每天投喂 2～4 次，随着苗种生长逐渐减少至早晨和傍晚各 1 次。初期配合饲料日投饵率为 3%～15%，随着苗种长大，逐渐降低投饵率至 1%～3%。根据天气、水温、水质、鱼体规格来调节投饵率，以不产生残饵为宜。当水温为 13～15℃时，每天或间隔 1 天傍晚投喂 1 次，投饵率以 0.5%为宜；水温为 8～12℃时，停止投饵；水温降至 13℃以下，做好强化饲养与防病、网箱的安全防患工作。投喂前饲料要用淡水泼洒软化，过硬则不利于消化，少量多次，缓慢投喂。高温期在饲料中添加一定比例的维生素、酵母粉、保肝制剂等，可提高鱼体免疫力。晚上可开灯诱集桡足类、糠虾等天然饵料。每日傍晚投喂海参 1 次圆柱形颗粒饲料（图 4），日投喂量占每口网箱海参总重量的 5%～8%，冬季水温低于 5℃，少投或不投。

（五）适宜套养

海水鱼网箱内网衣与外网衣夹层部分可套养 5%～10%的黑鲷、黄姑鱼、

图 3　投喂大黄鱼颗粒配合饲料

图 4　投喂海参圆柱形配合饲料

绿鳍马面鲀或金头鲷等，套养鱼可吃掉网衣上的附着物，保持网衣内水流畅通。套养种类尽量选择不抢食的，若套养经济价值高的黄姑鱼，其会与主养鱼类抢食，建议降低套养比例。

（六）养殖管理

1. 利用 5G 网络优势

在渔排上安装智能监控系统（图5），实现渔排高清视频监控画面实时回传，满足渔民对渔排看护、防盗预警等需求，保证渔业生产安全。

图 5 渔排智能监控系统

2. 利用鱼类分选机

根据鱼体生长差异程度适时进行分级分箱。

3. 采用物联网系统

实时监测水温、盐度与流速等理化因子，以及鱼的集群、摄食、健康状况，发现问题及时采取措施。

4. 及时清洗网衣

根据网衣网眼堵塞情况采用水枪或水下机器人清洗网衣。

5. 码上溯源

建立质量安全可追溯系统，实行"一品一码"全程追溯管理，实现信息可查询、来源可追溯、去向可跟踪、责任可追究。

6. 绿色服务

围绕"减少渔业病害、服务渔业生产、提升水产品质量安全"的总体思路，建立海上绿色养殖技术服务平台，海上巡诊与远程诊疗相结合，定期开展宣传服务、病害防控、药残检测、产地检疫及岸上坐诊、海上巡诊服务工作（图6）。

（七）渔旅融合

海上综合整治和渔业设施转型升级扭转了海上养殖无度、无序局面，有效改善海洋景观和海域生态环境。各地纷纷打造"渔＋旅"新业态，如福安市宁海村的"海上田园"（图7）、三都澳碧海蓝天海洋牧场、霞浦县溪南镇七星渔排、福鼎市佳阳乡"海上田园"等。

三、适宜区域

福建、浙江、广东、山东等省的沿海区域。

图 6 海上绿色养殖技术服务队

图 7 福安市宁海村"海上田园"

四、注意事项

1. 符合当地养殖水域滩涂规划要求。

2. 网箱建造应符合相关技术规范，如材料物理性能与质量要求。

3. 布局合理、系泊牢固，根据海区水流速度和海浪状况做好渔排减压和阻流设施建设。

4. 控制合理养殖密度，掌握适宜的投放规格。

5. 禁投冰鲜饵料和劣质饲料。

重力式深水网箱养殖技术

一、技术概述

网箱养殖是我国海水养殖的主要生产方式之一。目前，我国的网箱养殖设施分为普通网箱和深水网箱，发展深水网箱养殖是为了寻求更好的养殖环境和更高质量的养殖产品，是世界各国的发展趋势。重力式深水网箱是深水网箱的一种。1998年，海南省率先引进挪威HDPE框架重力式深水抗风浪网箱，发展湾外离岸网箱养殖，随后，浙江、山东、福建和广东等地相继开展了HDPE框架重力式深水抗风浪网箱国产化技术开发。经过多年发展，我国重力式网箱养殖技术已经成功实现国产化，并在沿海各省份得到广泛应用。

重力式深水网箱具有抗风浪性能良好、成本低、便于生产操作和易于管理的特点，可有效开拓海水养殖新空间，打破当前海水养殖业因集中在港湾及湾外近岸海域狭小空间的发展局限，解决由此引发的产业冲突、生态风险、病害损失、质量安全等系列问题。重力式深水网箱布设在半开放和开放性海域，水体交换良好，养殖鱼类成活率高，疾病发生率低，养殖水体和养殖产量是近海小型网箱的几十倍到几百倍。同时，采用现代化设施和管理手段，可降低养殖过程中的劳动强度和投入成本。

二、技术要点

(一)网箱结构

重力式深水网箱由浮架系统、网衣系统和锚泊系统组成，依靠浮架系统的浮力和网衣系统下部沉子的重力张紧网衣，保持箱体形状，并通过锚泊系统固定在养殖海域，以浮式结构为主，也有一部分具备升降功能。

依据形状，网箱可分为圆形网箱（图1）、方形网箱（图2）和其他多边形网箱。圆形网箱为单口结构，网箱之间不宜相互连接；方形网箱为单口或多口一体化结构，可根据需求进行连接组合，在连接时，网箱之间应增设轮胎绳索等缓冲装置。网箱周长为40~120米，网深为4~10米。

图1　圆形重力式深水网箱

图2　方形重力式深水网箱

1. 浮架系统

浮架根据需要选择双排或三排浮力管结构。双浮力管结构可在两根浮力管中间增设一条小管，小管内设置钢丝绳或超高分子量聚乙烯绳用于增强网箱强度。浮式网箱浮力管为中空密闭结构,浮力管内可选择填充发泡材料或内腔分隔成若干个相互独立的密闭空间。升降式网箱浮力管内腔保持中空,通过对浮力管充排气实现升降。

2. 网衣系统

网衣系统包括网衣和网衣成型设施两部分。网衣直接系挂于浮架上,采用PA(聚酰胺)、PE(聚乙烯)、UHMWPE(超高分子量聚乙烯)或合金等材质,网衣深度不小于 4 米,网目大小根据养殖鱼类的品种及规格而定,制作时根据海区条件配置力纲。网衣成型设施有底圈和挂重等,目前主要采用挂重方式,挂重直接绑扎在网衣底部纲绳处,使用较为广泛的有沙袋挂重、混凝土块挂重和铸铁挂重等方式。

3. 锚泊系统

锚泊系统布局主要有单点、多点、水上网格和水下网格等型式,网箱海上布设时应根据海区条件和功能需求选择型式。

锚泊固定可分为直连式和缓冲式两种方式,在海流较急、风浪较大的海区,建议采用缓冲式锚泊固定方式。锚块可因地制宜采用石块、桩、抓力锚等型式。

(二)养殖配套设施

养殖配套设施主要包括养殖操作平台、减压阻流设施、管理船、投饵设备、起捕设备、洗网设备、分级装置(有柔性格栅式分级装置和机械化分级设备)、水下监控设备等。

1. 养殖操作平台

养殖操作平台与网箱框架之间采用可固定拆卸的构件连接,平时与框架连成一体,避免养殖操作平台晃动,台风来临时能将其转移到避风坞内,消除管理房被台风摧毁造成网箱损毁的风险。

2. 减压阻流设施

在潮流较急、流速较大的海域,应在网箱的迎流面前方增设减压阻流设施,保证在最大流速下,网箱迎流面框架不被压入水中,网箱内流速能满足正常养殖生产。减压阻流设施有梯形、船形、三角形等形式。

3. 管理船

除配备用于运送饵料和管理人员的日常管理船外,还应配备 1 艘主机功率及吨位都比较大的管理船,用于网箱移动、换网和投饵等管理操作,在风力小于8级时，还可以把该管理船抛锚固定在网箱旁边，进行安全管理。

4. 投饵设备

国内外投饵装备的投饵方式有气力输送式、水力输送式、螺旋输送式、离心抛物式等，目前应用较多的是气力输送式投饵装备。

5. 起捕设备

起捕方式有吊抄网（图3）与吸鱼泵（图4）两种，吸鱼泵是目前较为常见的自动化起捕设备。

图3　吊抄网

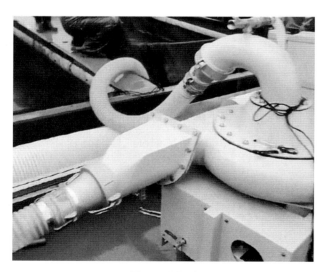

图4　吸鱼泵

6. 洗网设备

洗网设备有高压水枪清洗设备、空化水射流清洗设备、滚筒式清洗设备、机器人清洗设备等，目前使用比较广泛的是高压水枪清洗设备。

7. 分级装置

一般采用柔性格栅式分级装置。

上述养殖配套设施根据海区情况和具体养殖条件进行选择。

（三）养殖技术

1. 海区环境

养殖海区环境应达到如下要求：受大风影响时间少，最好有避台风的掩蔽物，最大浪高小于 5 米；海底地势平缓，坡度小，底质为沙泥或泥沙，便于固定、操作及污物吸收；水体交换好，水质清新，有一定流速，一般以 0.3～0.8 米/秒为宜，如超过 1 米/秒，需有阻流措施；水深 15 米以上，最低潮位时网箱底部与海底能保持 5 米以上距离；附近无大型码头、工厂，也不受污水排放、农田排水及山洪影响；交通便捷、信息通畅，便于苗种、饵料、设施的供应以及产品的销售。

2. 养殖品种

养殖品种有大黄鱼、石斑鱼、真鲷、美国红鱼、黄姑鱼、高体鰤、金鲳、军曹鱼、花鲈等。应尽量选择大规格的苗种进行放养，缩短养殖周期，提高养殖效率，如选择 100～150 克（18～22 厘米）的大黄鱼、30 厘米以上的军曹鱼、8 厘米以上的卵形鲳鲹等苗种放养，利于生产安排和养殖操作，同时也加快效益转换。

3. 放养密度

养殖密度要适宜，可根据深水网箱的规格、养殖的品种、养殖环境、养殖技术与管理水平等，做出综合评估。一般大黄鱼、鲈鱼、鲷科鱼类每口网箱投放量为 3 万尾。每个大网箱踏板内外各挂 1 张大网衣，网目为 3.5～5 厘米，内网衣与外网衣夹层部分可套养 5%～10% 的黑鲷、黄姑鱼、绿鳍马面鲀或金头鲷等，用于吃掉网衣上的附着物，保持网衣内水流畅通。套养种类尽量选择不抢食的，若套养经济价值高的黄姑鱼会与主要鱼类抢食，建议降低套养比例。

4. 科学投喂

推荐人工配合饲料。人工投喂，采取"慢、快、慢"及"八成饱"的原则。根据鱼体的活动情况、鱼体数量和大小、水温、季节等因素确定投饲量。

一般情况下，鱼种期间的日投喂量为鱼体重的 5‰～10‰，养成期间日投喂量为鱼体重的 1‰～5‰，遇到大风浪、水质恶化以及恶劣天气应停止投饲。一般小潮水多投，大潮水少投；透明度大时多投，水浑时少投；流急时少投或不投，平潮流时多投，水温适宜时多投，水温不适宜时少投或不投；4—10 月多投，11 月至次年 3 月少投或不投；小规格鱼多投，大规格鱼少投；台风期间尽量少投或不投；捕捞或上市前不投。投喂次数早晚各一次，11 月以后，日投喂一次，越冬期间基本不投饵。

5. 适时起捕

根据市场行情和鱼体生长情况适时起捕，起捕规格为体重 500 克以上，起捕前停饵 1—2 天。由于重力式网箱养殖容量大、产量高，捕捞工作最好采用自动吸鱼分级泵进行，以减少劳动强度，提高工作效率。

三、适宜区域

重力式养殖网箱主要用于开放性或半开放性的海域开展鱼类养殖，海域最大浪高小于 5 米、水深 15 米以上，以低潮期间网衣底部距离海底 5 米以上为宜。此外，重力式养殖网箱还可应用于水深适宜的湖泊、大型水库等内陆水域开展淡水鱼类养殖。

四、注意事项

（1）海上布设时，网箱应沿流向布设，网箱组之间预留 30 米以上间距作为通道。

（2）网箱养殖区配备安全指示标识，防止夜间船只碰撞。

（3）定期检查网箱设施的安全性，及时消除风险隐患，防止逃鱼。

（4）加强日常管理，包括监测水环境变化、注意天气变化、注意海上漂浮物、及时清除网衣附着物等。

（5）及时清除病死鱼，严控病害发生。

（6）一次性起捕出售，避免出现因反复起捕造成鱼与鱼之间相互摩擦使鱼体受伤，影响商品鱼价值的情况。

深远海陆海接力分级养殖技术

一、技术概述

（一）基本情况

福建省深远海养殖平台建设起步于 2017 年，以桁架式深水网箱为主，配备风光发电、水质监测、视频监控、数据无线传输、增氧装置等设备。目前，投入生产运行的平台共 11 台。其中，鲍养殖平台 1 台，养殖总箱数 15 000 箱；鱼类养殖平台 10 台，养殖水体 20.85 万米³。福建深远海养殖主要采用陆海接力分级养殖技术，即"陆基工厂育苗＋海上分级养殖"（近海网箱养殖鱼种＋深水大网箱养殖半成品鱼＋深远海桁架式网箱养殖成鱼，浅海筏式养殖半成品鲍＋深远海平台养殖成品鲍）。陆海接力分级养殖技术中的陆基工厂化育苗保证了苗种的稳定供应，海上分级养殖解决了近海养殖压力，且可降低因近海病害造成的死亡率，同时近海养殖避免了养殖种类因陆基与海上养殖环境差异较大而造成应激反应的情况出现，提高了养殖成活率，并缩短了养殖周期，而深远海养殖因水流通畅，溶解氧充足，天然饵料丰富，从而保证了产品的品质。

（二）推广应用情况

目前，福建省深远海养殖普遍采用陆海接力分级养殖技术。该技术也适用于各地沿海地区。

（三）提质增效情况

深远海养殖是纾解近岸水域生态环境压力、拓宽水产养殖业发展空间、供给优质绿色水产品的重要途径，且进一步提升了海水养殖的机械化、智能化程度，推动海水养殖业优化升级、做大做强。同时，陆海接力分级养殖技术解决了深远海养殖品种因养殖环境因子变化较大而影响了养殖对象的生长和成活的问题，从而提高养殖对象成活率，降低养殖风险。深远海养殖平台养殖品种的商品规格、品质优于近岸养殖，一般每千克销售价格为近岸养殖的 2～4 倍。

二、技术要点

（一）鱼类深远海陆海接力分级养殖

福建省深远海鱼类养殖平台有"振渔 1 号""定海湾 1 号""定海湾 2 号""泰渔 1 号""泰渔 2 号""泰渔 3 号""乾动 1 号""乾动 2 号""闽投 1 号""航宁 1 号"。其中 8 台位于连江县筱埕镇定海湾海域，该海域水流通畅，水体交换良好，周围无工农业污染，海域常年水温在 8～29℃，海水盐度 24～30，溶解氧大于 5 毫克/升，pH 8.0～8.5，流速低于 1.0 米/秒。养殖的主要品种为大黄鱼，主要养殖方式为陆海接力分级养殖方式，即"陆基工厂繁育＋海上分级养殖"，其中海上分级养殖具体分为近海网箱鱼种培育、深水大网箱养殖半成品鱼和深远海桁架式深水网箱养殖成鱼。

1. 陆基工厂繁育

陆基工厂春季繁育规格在 5 厘米以上的大黄鱼苗种（图 1）。大黄鱼陆基亲鱼培育、产卵孵化、仔稚鱼培育参照《大黄鱼繁育技术规范》（SC/T 2089）。

图 1　陆基工厂繁育大黄鱼

2. 近海网箱鱼种培育

室内春季繁育的规格在 5 厘米以上的大黄鱼苗种在定海湾海区用全塑胶养

殖网箱（4米×4米）养殖约1年，长至200克左右的大规格苗种，采用活水船运输到附近的圆形或方形的深水大网箱继续接力养殖（图2）。近海网箱鱼种培育参照《无公害食品　大黄鱼养殖技术规范》（NY/T 5061）和《大黄鱼塑胶渔排网箱养殖技术规范》（DB3509/T 003）。

图2　采用活水运输船将大黄鱼苗运至近海塑胶网箱养殖

3. 深水大网箱养殖半成品鱼

深水大网箱（图3）每口周长90米，深8米，网目2厘米，养殖约1年，大黄鱼长至500～750克/尾，体长30厘米以上，此时将其移至深远海养殖平台养殖。深水大网箱养殖半成品鱼参照《无公害食品　大黄鱼养殖技术规范》（NY/T 5061）和《大黄鱼塑胶渔排网箱养殖技术规范》（DB3509/T 003）。

图3　深水大网箱养殖半成品大黄鱼

4. 深远海桁架式深水网箱养殖成鱼

深远海养殖平台"振渔1号"（图4）养殖大黄鱼过程中捕大留小，边养殖边销售。出售规格为1 000～1 500克/尾，销售价格在200元/千克。

图4　深远海养殖平台"振渔1号"

深远海桁架式深水网箱养殖管理如下。

（1）投饵　根据水温和天气等情况，一般3天左右投喂大黄鱼人工配合饲料一次，每次投喂量按照大黄鱼总重量的1%进行投喂。晚上灯光引诱周边小杂鱼到网箱中，作为大黄鱼的天然饵料。

（2）网衣清理　根据网衣上附着生物量及鱼类养殖情况、养殖季节不同，一般冬春季节每3天旋转转笼1/3，夏秋高温季节，一般每天旋转转笼1/3，使水面下网衣露出水面，借助阳光暴晒清除牡蛎、藤壶等海洋附着物。暴晒网衣可减轻网箱重量，促进网箱内水体交换。

（3）日常记录和监测　每日观察养殖环境监测设备的运行情况和监测参数，记录天气、风浪、水温、盐度、溶解氧、透明度和pH等环境因子，养殖鱼体的摄食情况、健康状况和病死鱼数量，饲料投喂种类、质量、数量和次数等。定期检查平台安全程度、网衣附着生物量及网衣是否有破损，清理漂浮垃圾等，做好养殖日志。

（二）鲍深远海陆海接力分级养殖

福建省鲍深远海平台目前仅有"福鲍1号"。该平台位于连江县苔菉镇大潭岛附近海域，该海域水流通畅，水体交换良好，周围无工农业污染，海域常年水温在8～29℃，海水盐度28～32，溶解氧大于5毫克/升，pH 8.0～8.5，流速低于 1.0 米/秒。"福鲍 1 号"养殖的主要品种为绿盘鲍，养殖主要方式为陆海接力分级养殖方式，即"陆基工厂繁育（图 5）＋海上分级养殖（图 6）"，其中海上分级养殖分为浅海筏式养殖半成品鲍和深远海平台养殖成鲍。

图 5　陆基工厂繁育鲍

图 6　海上分级养殖鲍

1. 陆基工厂繁育

陆基工厂春季育苗，包括亲鲍培育、人工授精、苗种孵化和苗种培育。

（1）环境条件　水质应符合 GB 11607 的规定，要求温度 8～30℃，盐度 26～35，pH 7.5～8.5，溶解氧大于 3 毫克/升。

（2）繁殖设施　育苗池规格为 3.0 米×7.0 米×1.0 米，池底向排水口端倾斜，坡度 1∶100。池底铺设充气装置，水池配有进、排水口，池顶搭盖黑色遮阴网。

（3）亲鲍选择　亲鲍要求个体体重 100 克以上，壳长 8 厘米以上，外形完整无损伤，软体部丰满，活力强，性腺发育成熟度高，体质健壮。

（4）亲鲍培育　皱纹盘鲍、绿盘鲍等自然繁殖季节为每年的春秋两季，一般采用室内水泥池培育方式，培育密度为每立方米水体 2～3 千克。在养殖条件下，性腺均能发育成熟。因此，在自然繁殖季节进行人工育苗，可直接从养殖池中获取成熟亲鲍。若需提前育苗，则应进行促熟培育。

（5）人工催产　挑选性腺发育成熟的亲鲍，采用阴干、流水结合紫外线照射海水刺激的方法进行催产。人工授精完成后，用育苗海水清洗受精卵 3～4 次，即可均匀撒入育苗池中。

（6）苗种孵化　将受精卵移至孵化水槽里孵化，投放密度为 10 万～30 万粒/米^2，水槽内微充气，孵化为担轮幼体后每日定量换水至采苗。

（7）苗种培育　当稚鲍在采苗板上长至 3～4 毫米后，应剥离转入苗种中间培育阶段，中间培育使用光滑水泥四脚砖或六角塑料板，高度为 3～4 厘米。平铺排列在池底，冲洗干净，池子进满海水。壳长＜2 毫米的稚鲍放养密度为 4 000～5 000 个/米^2；壳长 5～10 毫米的稚鲍放养密度为 3 000～4 000 个/米^2；当鲍苗壳长达 10 毫米左右，放养密度以 2 000～3 000 个/米^2 为宜。

（8）饲料投喂　主要以投喂人工配合系列饲料为主。人工配合饵料应符合 NY 5072 的要求。壳长 3～5 毫米，放养密度为 4 000～5 000 个/米^2 的情况下，每平方米初始投饵量 4～6 克；鲍壳长 5～10 毫米时，投饵量可控制在全池鲍苗总重量的 4%～5%；壳长 10～20 毫米时期，投饵量控制在鲍苗总重量的 1.5%～3%，投喂在下午进行。壳长＞5 毫米的稚鲍也可投天然饵料，如红藻、石莼片、碎江蓠类等，投喂的鲍苗人工饲料量为鲍体重的 3%～5%。当壳长达到 1.5 厘米便可转移到浅海塑胶渔排进行养殖。

2. 浅海筏式养殖半成品鲍

（1）养殖环境　养殖地址应选在内湾或风浪较小的海域，水源的水质符合 GB 11607 的标准。养鲍海区不宜过浅，最低潮时水深能达到 3.5 米以上，无污染，水流畅通，盐度稳定，水质清新，海水盐度为 27～33，海区 pH 为 8.0～8.4，溶解氧不低于 4 毫克/升。

（2）设施设备　筏式养殖渔排的主体框架由 HDPE 板下缚若干个 HDPE 塑胶浮球组成，用铁锚固定，每口渔排规格 4 米×4 米，每口渔排可吊养 49 笼。鲍笼为黑色硬质塑料笼，每层规格为 40 厘米×30 厘米×12 厘米，6 层重叠组成 1 笼。

（3）苗种放养　采用养殖笼开展养殖时，苗种投放规格通常为 1.5 厘米或 2.8 厘米以上，一般每笼放养壳长 1.5 厘米左右的个体 400～500 只，每层 80 为宜；放养壳长 2.8 厘米左右的个体 200～250 只，每层 40 只为宜。

（4）养成管理　海区浮筏养殖鲍的饵料以龙须菜、海带为主，日投放量为鲍体重的 10%～20%。冬、春季时，水温较适宜，可适当多投喂些饵料，并延长投喂周期。在高温季节，因饵料容易腐败，应适当缩短投饵周期，每隔 3～4 天投喂一次，每次均应投足相应天数的饵料。

在养殖过程中，随着养殖时间的增加，养殖个体逐渐增大，需要根据养殖密度及时进行分疏，通常壳长大于 5.5 厘米，每层放养 25 只；壳长在 4.5～5.5 厘米，每层放养 30 只；壳长 4.0～4.5 厘米，每层放养 35 只。日常养殖过程中，每层养殖笼或养殖盆内可放养疣荔枝螺或甲虫螺 3～5 只，螺可摄食刚附着在养殖盆或鲍壳上的牡蛎等生物，起到清洁鲍笼的作用。

3. 深远海平台养殖成鲍

在吊笼继续养殖约 1.5 年，规格达到 100 克/粒左右再投放到"福鲍 1 号"养殖平台（图 7）。在平台经过 1 年的养殖，规格达到 300～500 克/粒左右，进行出售，价格为 420 元/千克。深远海平台养殖管理如下。

图 7　深远海养殖平台"福鲍 1 号"

（1）投饵　在塑胶渔排吊养的鲍，一般每 5 天左右投喂鲜海带、龙须菜一次，每次每层投喂 1 千克，夏天适当少投喂或不投喂，赤潮暴发期间不投喂饵料。在"福鲍 1 号"平台，每 7 天投喂 1 次鲜海带或龙须菜，每笼每次投喂 3

千克。夏季高温季节少投饵，冬春季节鲍生长快、摄食量大，可根据摄食情况适当增加投饵量（图8）。

图8 深远海养殖平台投饵管理

（2）日常记录和监测 浅海养殖和平台养殖期间日常饲养要定期检查养殖笼是否牢固、是否存在漏洞，保证鲍笼在饲养过程中不会出现破损现象。同时，还要监控鲍苗的生长情况，确保养殖效果。此外，日常工作中还要做好水质监测工作，结合季节的改变调节养殖笼的放置水层，并做好水质调节工作。

三、适宜区域

适宜在符合国土空间规划和养殖水域滩涂规划要求，低潮位水深不小于20米，附近无大量淡水注入，无工业污染，水流交换条件好的开放海域。

四、注意事项

主要是在塑胶渔排—深水大网箱—深远海养殖平台之间水产苗种或半成品转移的过程中，要注意选择在晴朗的早晨操作，转苗前应停止投饵1天。转苗操作一般选择在每年的11月至次年的5月，避免在6月至10月高温期进行转苗操作。

"以渔降盐治碱"盐碱地渔农综合利用技术

一、技术概述

我国盐碱水土资源分布广泛，遍及西北、华北、东北以及华东等地区的19个省、自治区、直辖市。盐碱生境生态脆弱，农用土地次生盐碱化情况严重，经常出现减产退耕情况，盐碱危害区严重影响了农民生产生活。盐碱水质类型繁多，具有典型的地域特征。虽然近年来各省份均有不同程度的盐碱水土渔业开发利用，但仍存在开发不合理、发展不均衡等问题，缺乏适合我国不同区域盐碱水土特点的技术支撑体系。

实践证明科学有序开展盐碱水土的渔业综合利用，能有效降低周边土壤的盐碱程度，使退耕或荒置的盐碱地重焕生机。"以渔降盐治碱"渔业综合利用技术，针对不同区域的区位资源和物候条件，集成盐碱水质综合改良调控、苗种盐碱水质驯养、盐碱水绿色养殖以及"挖塘降盐、以渔降碱"渔业综合利用等关键技术，构建区域性、特色性养殖生产模式，促进盐碱水土资源的科学综合利用，推进盐碱地渔业综合开发利用高质量发展。

二、技术要点

（一）盐碱水质综合改良调控技术

针对盐碱水体高 pH、高碳酸盐碱度、缓冲能力差等制约因子，通过生石灰化学降碱、复合增氧物理稳碱、培菌抑藻生物控碱等方法，使养殖用盐碱水体 pH 稳定在 9.0 以下。

（二）苗种盐碱水质驯养技术

通过盐度驯化、离子驯化、水质驯化三步法，提高主养品种的苗种入塘成活率。以凡纳滨对虾为例，第一步进行盐度驯化，使暂养水体与养殖水体盐度相近；第二步比较暂养水体与养殖水体的离子浓度，变化幅度较大的进行离子适应性驯化；第三步利用池塘盐碱水进行 3～5 天的水质驯化，可大幅提高虾苗入塘成活率。

（三）盐碱水绿色养殖技术

根据不同盐碱水质类型，因地制宜在滨海盐碱地、内陆盐碱地和次生盐碱地进行种类结构的优化组合，开展盐碱池塘多生态位养殖、棚塘接力盐碱水增效养殖、盐碱水域增殖养殖等模式应用示范。

（四）"挖塘降盐、以渔降碱"渔业综合利用技术

（1）盐碱地池塘-稻田工艺　基于水盐平衡和物质能量循环原理，通过田塘尺度和土柱水盐运动规律研究，结合盐碱地农业种植区域的浸泡洗盐压盐，定向迁移浸泡稻田的废弃盐碱水进入池塘，构建盐碱地池塘-稻田综合利用模式。池塘与稻田通过排水渠进行连接，稻田面积：池塘面积以（3～8）：1 为宜。稻田一般高于池塘底部 1.5～2.0 米，依据地下水临界深度进行调整，盐碱池塘养殖生物量根据当地气候、养殖种类、养殖模式以及养殖技术确定，保障盐碱地区的农业生产安全。

（2）盐碱地池塘-抬田降盐工艺　根据土质和地下水埋深等情况，结合盐碱地治理，合理配置抬田高度，使抬田种植与池塘养殖有机结合起来。池塘与抬田比例以 1：1.5 为宜。根据养殖对象和养殖方式的不同，主要采用以大宗淡水鱼类和对虾为主要养殖对象的养殖模式，有效利用盐碱地洗盐排碱水。

三、应用实例

（一）盐碱地池塘-稻田渔业综合利用模式

1. 稻田管理

稻田应保水性强，地势平坦，灌水方便，水源充足。每年 3 月初进水泡田、洗田，水面漫过稻田 5 厘米。4 月上旬排出洗田水，汇集到凡纳滨对虾养殖池塘。4 月下旬开始稻田深松作业，深耕稻田 40 厘米左右，每公顷使用 450千克有机肥肥底，平整稻田、确保田块高度差不超过 3 厘米（图 1）。

图 1　池塘-稻田渔业综合利用模式

种植过程中每月定期检测水质 1 次，检测 pH、溶解氧、盐度、电导率、总碱度、总硬度、Ca^{2+}、Mg^{2+}、K^+、Na^+、CO_3^{2-}、HCO_3^-、Cl^-、SO_4^{2-}、高锰酸盐指数、氨氮、亚硝酸盐氮、硝酸盐氮、总氮、活性磷酸盐、总磷等指标。5 月底开始，稻田每 15 天排水一次，并同时进水补充，排水量为稻田总水量的 50%，排水汇集到凡纳滨对虾养殖池塘。

2. 中华绒螯蟹养殖

在稻田和进排水渠外围修补中华绒螯蟹防逃网，防逃墙材料采用塑料薄膜。3 月下旬选择活力强、肢体完整、规格整齐（200 只/千克）的中华绒螯蟹苗种，均匀投放到稻田及稻田间沟渠。投苗密度为 15 000 只/公顷。

蜕壳期管理：在中华绒螯蟹蜕壳前 5～7 天，稻田环沟内泼洒生石灰水（5～10 克/米³），增加水中钙质。蜕壳期间，要保持水位稳定，一般不换水。

3. 凡纳滨对虾养殖

（1）池塘设置　核心示范点有 2 个养殖池塘，面积共 0.8 公顷，水深 2.0米，养殖水源为稻田洗盐排碱水，池底平坦，底质为泥沙，每个池塘配备 1 台增氧机。4 月下旬排干池塘，使用生石灰（1 500 千克/公顷）化浆后全池泼洒。

（2）苗种驯化及放养　当池水水温稳定在 20℃ 以上时（5 月下旬），选择规格整齐、体色透明、体表光洁、反应敏捷、活力强的虾苗，经过盐碱水驯化后投放，放苗密度为 450 000 尾/公顷。

（3）水质改良调控　针对洗盐排碱水 pH 较高以及前期水体清瘦和中后期蓝藻容易暴发的特点，采用前期测水施肥、中后期微生物法（利用光合细菌、乳酸菌以及芽孢杆菌等）调控养殖水体 pH。

（4）饲料及投喂管理　日投喂量为池内存虾总重量的 1%～2%，根据天气情况和饵料残留情况适当调整投喂量，6：00、11：00、17：00 和 21：00 各投喂 1 次，早晨、中午和傍晚投喂量为日投喂量的 30%，夜晚投喂量为日投喂量的 10%。每 10 天测量一次虾苗规格，及时调整投喂量。

4. 主要成效

以 2021 年为例，核心示范点种植的水稻总产量 114 800 千克，平均单位产量 10 500 千克/公顷，总效益 29 960 元，平均单位效益 2 740.2 元/公顷。中华绒螯蟹总产量 6 888 千克，平均单位产量 630 千克/公顷，总效益 243 380 元，平均单位效益 22 260.3 元/公顷。凡纳滨对虾总产量 3 300 千克，平均产量 4 125 千克/公顷，总效益 47 480 元，单位效益 59 350.05 元/公顷。池塘-稻田渔业综合利用的养殖示范，能够起到实现水稻稳产、促进水产品增产、充分利用资源、提高经济效益、促进渔业增效和渔民增收的作用。

（二）棚塘接力盐碱水对虾养殖模式

1. 虾苗温棚淡化标粗

（1）虾苗淡化　养殖场每年 5 月初空运优质虾苗开始投苗淡化，每栋温棚（面积约 1 亩）投苗 100 万～120 万尾。虾苗下塘前一天，全池泼洒维生素 C 溶液（1 000 克/亩）和葡萄糖酸钙溶液（1 000 克/亩），减少虾苗因环境变化产生的应激反应，提高虾苗成活率。整个虾苗淡化期间，合理开启调控增氧、加热设备，确保淡化池 24 小时溶解氧在 5 毫克/升以上，虾池水温 26～30℃，pH 为 8.0～8.6，氨态氮含量≤0.3 毫克/升，亚硝酸盐含量≤0.05 毫克/升，满足淡化期间虾苗正常摄食、蜕壳生长需求。放苗后 12 小时投喂丰年虫、虾片饵料作为开口饵料，每天投喂饵料 6 次，丰年虫、虾片各 3 次，每间隔 4 小时投喂一次，第一天投喂量 3～5 克/万尾，随后每天投喂量递增 10%～15%。淡化池第三天开始换水逐渐降低池水盐度，每天中午排池水 8～10 厘米，再加注同等量经曝气净化处理的池水，经过 7～10 天的水体交换，直到淡化池内池水盐度从 8～10 刻度降到 0～1 刻度（水体比重计测试），虾苗体长 0.8～1 厘米时，避开虾苗蜕壳期，方可起捕转入标粗池进行大规格虾苗培育（图 2）。

（2）虾苗标粗　虾苗淡化期间要提前做好标粗池塘清塘、消毒工作，检查修复进排水口、棚膜、电路等设施设备，每口塘除安装曝气增氧设备外，还配备 1.5 千瓦水车式增氧机 2 台。每栋温棚（面积约 1 亩）投放淡化虾苗 40 万～

图 2 宁夏棚塘接力盐碱水对虾养殖

50 万尾，标粗期间要做好水质调控、矿物质和微量元素补充、合理投喂及日常管理工作。放苗前 5 天，标粗池注水 80 厘米，选用 EM 菌剂进行肥水，调节水色至豆绿色，以肥、活、嫩、爽为宜，池水透明度在 30 厘米左右。虾苗下塘第二天进行饲料投喂，每天投喂 4 次，投喂时间点依次为 6：00、10：00、14：00、18：00。前 10 天选用粉状标粗料，投喂量 10～20 克/（万尾·天），以后每天按 10%～15% 递增投喂量。10 天后改用口径≤0.8 毫米的颗粒标粗饲料进行投喂。虾苗标粗期间每 3～5 天要进行一次肥水和池底改良工作，同时为满足虾苗对矿物质和微量元素的需求，每隔 3 天全池泼洒钙镁精（1 000 克/亩）等；增氧曝气设备 24 小时运行，中午开启水车式增氧机进行曝气，促进水体上下循环；合理调控加热设备，保持水温维持在 25℃以上；同时每天观察投料台（沉于池底的绢筛）残饵，酌情增减投喂量。虾苗经 20～30 天棚池标粗，体长达到 3～4 厘米，待室外气温正常、水温在 20℃以上时，虾苗适时转入外塘。

2. 外塘养殖管理

（1）**虾苗的放养**　外塘提前做好清塘、消毒、肥水等准备工作，待室外水温稳定在 20℃以上，适时放养。放养时间为每年 6 月 1 日前后，经温棚淡化暂养标粗的虾苗，规格在 3 厘米左右，平均放养密度 2 万～3 万尾/亩。

（2）**水质调控**　水环境质量直接影响凡纳滨对虾的生长和养殖成活率。由于西北盐碱地区生产用水较为短缺，为防止养殖水体矿物质元素流失，整个养殖周期原则上只加水，不外排。一般情况下每隔 10～15 天加水 8～10 厘米，每隔 7～10 天选用 EM 菌等微生态制剂进行肥水和池底改良。每天进行水质监测，及时掌握水体温度、pH、溶解氧、氨态氮等理化指标变化情况。夜间合理开启增氧机，增加水体溶氧量，中午开启 2～3 小时，促进池水循环、充分曝气。

（3）微矿元素及能量补充　虾苗体长 10 厘米之前，由于体质弱、生长快、蜕壳频繁，容易出现虾体软壳、应激死亡等现象。养殖过程按 "$n+1$"（n 为虾苗体长）间隔天数的规律，使用微量元素制剂和葡萄糖酸钙进行矿物质和能量补充；虾苗体长超过 10 厘米，每间隔 15 天使用一次，满足虾苗正常蜕壳、生长需求。

3. 投饲管理

虾苗下塘后 3 天开始驯化投喂对虾全价配合颗粒饲料，养殖前期饲料蛋白质要求达到 40%，中后期 32% 以上。日投喂量应根据虾苗数量、水温和摄食情况加以确定，饲料投喂管理遵循 "宁少勿多、少量多餐"，投料台内不留残饵的原则。养殖前期每天投喂 2 次，养殖中后期掌握在 3～4 次，早晚投喂量占日投喂量的 60%～70%，白天投喂量占 30%～40%。

四、适宜区域

技术适宜推广应用的区域包括我国西北、华北、东北内陆盐碱地分布区域以及华东滨海盐碱地分布区域。

五、注意事项

在技术推广应用过程中需要特别注意以下环节。

1. 开展水质检测

开展盐碱水养殖前，必须进行水质检测，掌握盐碱水的化学组成，确定盐碱水质类型，依照标准，选择适宜的养殖品种。

2. 选择合适模式

根据盐碱土壤成因、地下水埋深和物候条件，选择合适的渔业生态修复模式，如淡水资源充足的盐碱地区可选择池塘-稻田综合利用模式，地下水埋深的盐碱地区可选择池塘-抬田降盐模式。

盐碱地池塘渔农综合利用技术

一、技术概述

通过盐碱地池塘渔农综合利用技术的应用示范，可有效开发利用宜渔盐碱地、盐碱水资源，在建立盐碱地区农（渔）业生态基地、稳定粮食和优质水产品供应、促进农渔民增收等方面成效显著。该技术集成盐碱水质综合改良与调控、南美白对虾"棚塘接力"养殖、虾苗温棚淡化标粗等关键技术，构建起以渔业生态调配为主的台田-池塘渔农综合利用技术模式，总结出缓解和生态修复土地盐碱化的科学方法，引领各地通过改造盐碱荒地实现"变废为宝"，达到综合开发利用盐碱地和盐碱水、发展盐碱水渔业、促进盐碱地区农业经济调整和农（渔）民持续增收的目的。

该技术适用于水资源相对丰富的广大低洼盐碱地区，技术原理是利用成熟的农、渔技术和低洼盐碱地、盐碱水资源，进行不同生态位间的合理配置和优化组合，构建起以渔业生态调配为主、渔农结合综合种养的大农业生态养殖技术模式（图1、图2）。

二、技术要点

（一）盐碱地池塘-抬田降盐工艺标准化

1. 规范设置盐碱地池塘

养殖池塘呈长方形，单池面积0.6～1公顷，最大蓄水深度1.5～2.0米，长宽比、坡比合理，泥沙底质，保水性能好。建成独立的进排水系统，池塘中间建一个排水口并固定，压一道排水管道用于排水，从池塘中间，压到排水渠

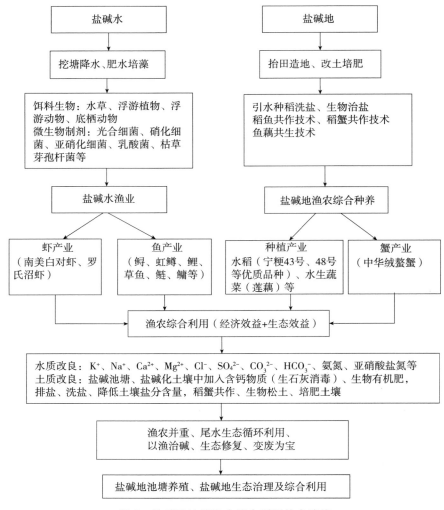

图 1　盐碱地池塘渔农综合利用技术路线

道，中间安一个排水装置，排水口安一个阀门，用于控制排水。

2. 规范抬田降盐方法

抬高土地耕作层，取土修筑高 1.5～2 米左右的台田，在台田耕层土（耕作的土壤部分）底部（距台田顶部 30 厘米左右）铺设秸秆；在台田底部处铺设弧形薄膜和带有孔隙的管道（暗管），拉大与地下水位的距离，利用台田较高易淋盐碱的原理，使盐碱不能到达台田表面，且由于人为浇水或天然降水，使台田中的盐分下降并随水排走，达到改善土壤耕作层的目的。

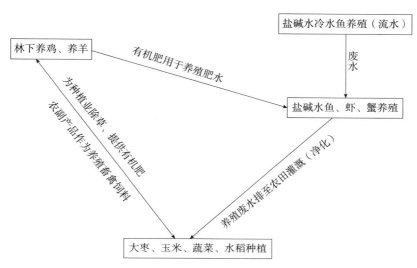

图 2　盐碱地池塘渔农综合利用的物质循环

3. 规范盐碱地稻渔综合种养

稻田养殖鱼蟹以 10 亩为一个养殖单元，田埂高度 30～50 厘米。进出水口设拦鱼栅，拦鱼栅的高度和宽度要大于进出水口 15 厘米为宜。鱼蟹虾沟水深要达到 1～1.5 米，明水面的面积要占整个田块面积的 5%～10%。移栽时插栽秧苗 1.5 万～1.6 万穴/亩，2～3 株/穴，播种时采用"大垄双行"种植模式，即改 30 厘米垄为 20 厘米—40 厘米—20 厘米的排序插秧，在保持与常规插秧相比一垄不少的前提下，更好透光、通风，减少水稻病害的发生，满足鱼虾蟹后期生长对光照的需求。

稻渔综合种养（图 3）以水稻不减产为原则，采用"大垄双行"技术，实现稻蟹、稻虾、稻鱼共同种养。通过稀植水稻，提高水稻单产，同时放养优质鱼蟹虾苗，在大垄并行足够的空间内，快速育肥成鱼蟹虾，从而实现稻渔双丰收。

4. 盐碱水质综合改良调控

针对盐碱水质高 pH、高碳酸盐碱度、缓冲能力差等制约因素，通过化学降碱、复合增氧、物理稳碱、培菌抑藻生物控碱等方法，使养殖用盐碱水 pH 稳定在 8.5 以下。

（二）盐碱地池塘养殖模式多元化

1. 盐碱地池塘养殖大宗淡水鱼类

盐碱地池塘养殖见图 4、图 5。

图 3　盐碱地稻渔综合种养

图 4　甘肃省景泰县盐碱地池塘养殖

图 5　盐碱地池塘大宗淡水鱼类养殖

（1）池塘改良技术　放苗前做好池塘清淤和水体消毒。清淤同时挖深池塘，使池塘深达 2.5～3 米，保持池塘水深 1.8～2 米，扩大池塘水体空间。鱼种放养前 10～15 天，用生石灰或漂白粉消毒池塘水体。

干法消毒：排干池水，保持 0.2 米水深，生石灰的用量为每亩 60 千克左右，漂白粉每亩 4～5 千克。带水消毒：保持池塘水深 1 米，生石灰的用量为每亩 120 千克左右，漂白粉每亩 14～15 千克。加水溶解生石灰或漂白粉，稀释后全池均匀泼洒。

（2）新品种引进放养　引进生长速度快、适应性强、抗逆性强的大宗淡水鱼新品种松浦镜鲤、长丰鲢、异育银鲫"中科3号"、福瑞鲤、芙蓉鲤鲫等进行养殖。放养鱼种的规格要根据不同鱼种的生长阶段、当地气候条件、养殖技术水平以及产量和经济效益等因素加以确定。选择规格整齐，体质健壮，逆水性强，体表完整，无畸形，无病无伤的苗种放养。放养前严格消毒苗种，用3%～5%的食盐水浸泡消毒5～10分钟。根据池塘条件、设施水平、技术管理水平来决定池塘单产，然后根据养殖品种、池塘单产和商品规格来决定放养密度。即：放养密度＝池塘单产/商品规格/养殖成活率。

（3）精准投喂

①饲料选择。饲料是养殖环节的主要投入品。营养、优质、高效、环保的绿色饲料，可降低水体的富营养化，提高养殖效益。采购全价配合颗粒饲料，根据池鱼规格选择颗粒饲料粒径，饲料粒径大小以主养品种鱼体口径的1/3为宜。根据主养种类的食性和季节选择饲料的蛋白质含量，具体按"肉食性鱼类＞杂食性鱼类＞草食性鱼类""鱼苗＞鱼种＞成鱼"的原则来选择。

②投喂方法。饲料投喂应做到定时、定点、定质、定量，坚持少量多餐，每天投喂3～4次；根据鱼类摄食规律采取"慢、快、慢""少、多、少"和投喂面积把握"小、大、小"的投喂方法，当有60%～70%的鱼离开时就可以停止投喂。草食性和杂食性鱼类，建议每周至少投喂一餐青饲料。

③投喂技术。通过研究不同养殖品种不同生长阶段的营养需求、摄食与环境的关系、最佳投喂节律和投喂频率等，建立不同环境下随着鱼类生长动态变化的动态投喂率估算技术，降低饲料浪费，提高利用效率。根据预计的净产量，结合饵料系数，计算出全年的投饵量，然后，根据各月的水温和鱼的生长规律，制定月度投饵计划。

$$全年投饵量＝饲料系数×预计净产量$$
$$日投饵量＝水体吃食鱼类重量×日投饵率$$

影响投饵率的因素有鱼的规格、水温、水中溶氧和饲养管理水平等，投饵率在适温下随水温升高而增大，随着规格的增大而减小，鱼种阶段日参考投饵率为吃食鱼体重的4%～6%，成鱼阶段日参考投饵率为吃食鱼体重的1.5%～3%。精养池塘每天的实际投饵量，要根据池塘的水色、天气和鱼类生长及吃食情况来定。

2. 盐碱冷流水养殖冷水鱼

盐碱冷流水养殖分为室内苗种孵化培育（图6）和室外水泥池塘养殖。一般养殖场应建稚鱼池和成鱼池，稚鱼池一般为圆形，面积10～30米²，水深20～40厘米。成鱼池一般100～200米²，水深70～90厘米，要有一定的坡度，利用水的自然落差来增氧，鱼池均应为统一的长方形水泥结构，有利于饲养、管理和控制鱼病。鱼池依山而建较为理想，进出水口处安装拦鱼栅。主养冷水鱼品种有虹鳟、金鳟、三倍体虹鳟、七彩鲑等鲑鳟鱼类和亚冷水性鲟鱼类（图7）。

图6　室内苗种孵化培育车间

盐碱冷流水水泥池养殖冷水鱼，占地面积小、产量高、管理方便，其主要特点是在固定形状、规模的鱼池内，提供稳定的水流量，在保证水交换量的条件下进行养殖生产。适宜于在水量充沛、水温适宜、溶氧丰富的地区实行高密度集约化流水养殖。山涧溪流、地下水、新建水库底层水以及冷泉水较适合。

流水池塘全年水温为0～23℃，虹鳟最适生长温度12～18℃。溶氧量要求保持在6毫克/升以上，水体流速为2～16厘米/秒，pH 7.0～8.5。

购入的发眼卵起运前，要用有效浓度为50毫克/升的聚乙烯吡咯烷酮碘剂（含有效碘1%）药浴15分钟，药浴期间要进行充氧，药浴可杀灭卵上的病毒，以预防IHN等病发生。

3. 盐碱地池塘养殖南美白对虾

引进优质南美白对虾苗，通过室内温棚或车间设施渔业淡化标粗海水虾苗，培育适应内陆地区盐碱水环境的大规格虾苗，采用"棚塘接力"养殖技术，在露天盐碱地池塘开展南美白对虾规模化养殖（图8）。技术关键在于虾

图 7 盐碱冷流水池塘养殖金鳟、虹鳟

苗淡化标粗、盐碱池塘水质调控、精准科学投喂、病害防控。

图 8 盐碱地池塘养殖南美白对虾

以上不同模式水产苗种均选择具有《苗种生产许可证》的良种场生产的优质苗种,所购苗种应具有渔业主管部门出具的水产苗种检疫合格证明。

(三)盐碱地池塘对虾"棚塘接力"养殖技术

1. 温棚设施淡化虾苗

南美白对虾为海水虾,在内陆盐碱地池塘养殖南美白对虾,实现海水虾淡水养，虾苗的淡化是第一步。虾苗温棚淡化标粗是指将沿海地区的南美白对虾虾苗引进到西北内陆盐碱地池塘养殖，采用温棚池塘淡化虾苗、温棚池塘中间培育标粗虾苗，突破了海水虾淡化成活率低的技术瓶颈，大幅提升了虾苗中间培育成活率。虾苗淡化采用每 24 小时降低 2 盐度的驯化方式，放苗时使用海水晶调节水体盐度与虾苗出场盐度一致，放苗后次日起每天上午添加淡水，经过 10 天左右淡化，水体盐度下降至 3，虾苗规格达 1.0 厘米左右，获得的淡化苗个体均匀、体质健壮活泼、触须靠拢、尾扇展开有力、附肢完整、体表与鳃正常、肠胃饱满，静态时卧伏池底，水流刺激后逆水现象明显。

2. "棚塘接力" 养殖

将温棚中间培育标粗的虾苗分养至盐碱地露天池塘（10～20 亩），放养密度 2 万～5 万尾/亩，放养规格 3～4 厘米，经过 100 天左右养殖对虾规格达到 10～13 厘米。"棚塘接力" 养殖依托低洼生态位盐碱地池塘修建、盐碱水水质调控、饲料精准投喂、病害综合防控、生物饵料定培、增氧机节能高效使用等技术，集成温棚设施淡化培育、虾苗放养、生态肥水、精准投喂、水质调控等技术，适宜于内陆地区盐碱地池塘养殖南美白对虾（图 9）。

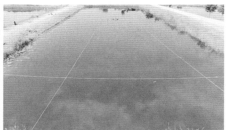

图 9　盐碱地池塘南美白对虾 "棚塘接力" 养殖

三、适宜区域

西北、华北内陆宜渔盐碱地分布区域。

四、注意事项

在盐碱地综合治理过程中，应全面考虑地理环境、气候环境等因素，因地制宜，合理设计，减少工程量，降低工程投资成本，在长期监测的基础上，将多种有效技术措施结合，灵活调整，有效降低土壤盐碱，加快台田恢复耕种产生效益。盐碱水养殖应以适合盐碱水的名特优水产品为主，提高养殖效益；盐碱水养殖过程中夏季高温易导致缺氧，应配备增氧系统，加强巡塘管理。

开展盐碱水养殖前，要进行水质检测，掌握盐碱水质水化学组成，确定盐碱水质类型，依照标准，选择适宜的养殖品种。

根据盐碱土壤成因、地下水埋深和物候条件，选择合适的渔业生态修复模式，如淡水资源充足的盐碱地区可选择池塘-稻田综合利用模式，地下水埋深浅的盐碱地区可选择池塘-抬田降盐模式。

池塘养殖尾水"三池两坝"生态处理技术

一、技术概述

近年来，我国淡水池塘养殖业发展迅猛，在淡水水产养殖中的地位日益重要。据《2024 中国渔业统计年鉴》，2023 年中国有内陆养殖面积约 541 万公顷，养殖产量 3 414.01 万吨，其中池塘养殖产量已达 2 700 多万吨，尤其是内陆池塘养殖占淡水渔业产量的 73.4％，池塘养殖已成为中国水产养殖的主要形式和水产品供应的主要来源，在保障优质动物蛋白供给、促进农业增效和农民增收、扩大农村就业等方面发挥着重要的作用。目前淡水池塘养殖产业也面临诸多问题和挑战，养殖形式以散户连片式养殖为主，存在养殖模式粗放、养殖密度过高等问题。一方面造成养殖池塘内源污染严重，水质恶化，引起养殖对象疾病频发；另一方面大量残余的饵料、水生动物的排泄物未经处理直接被排放到天然水域中，加剧养殖区周边水体富营养化，给生态环境造成巨大压力，成为制约淡水养殖业健康可持续发展的限制性因素。净化池塘养殖尾水、改善养殖环境已成为养殖生态和环境研究的热点，养殖尾水生态化处理已迫在眉睫。

目前，针对不同养殖品种的尾水处理模式已有许多研究，但在实际应用过程中均存在建设成本高、运行费用昂贵、二次污染等问题，且存在未能按照不同养殖品种水质污染实际情况进行分门别类处理等问题，难以推广使用。为此，浙江省淡水水产研究所经过不断摸索、改进，创新性提出了"三池两坝"尾水处理工艺，并建立参数优化模型，针对不同污染类型的养殖品种提出了各处理单元关键参数。该处理工艺将物理沉淀、填料过滤、曝气氧化、生物同化等技术集为一体，通过对养殖区沟渠或边角池塘进行适当改造，在实现最低投入的前提下实现养殖尾水的达标排放或循环利用，其处理成本相对人工湿地等处理方式降低成本 70% 以上，具有适用性强、成本低、易维护的特点，适宜在内陆养殖池塘进行推广应用。

截至 2024 年，该技术已在浙江省推广应用 100 万亩以上，并已推广应用到江苏省、江西省、广东省等养殖区域。

二、技术要点

（一）选址布局

1. 建设地点应符合当地养殖水域滩涂规划的布局要求。

2. 示范场点应位于交通道路两侧，交通便捷。

3. 规模治理场养殖区域面积原则上不低于 100 亩，集中治理点养殖区域面积原则上不低于 50 亩，养殖区域应集中连片。

（二）治理工艺流程

养殖尾水处理工艺流程如图 1 所示。养殖尾水首先经过生态沟渠或者 PVC 暗管进入沉淀池进行沉淀预处理，去除其中大的悬浮颗粒物；再经第一道过滤坝进一步去除和分解细微悬浮物；然后进入曝气池中，经氧化、挥发、分解等过程去除尾水中有机物和氨氮等营养物质；最后再经过第二道过滤坝进入到生态池中，通过在生态池中种植水生植物、放养水生动物等构建综合立体生态位处理系统，有效降低水体中氮磷浓度，实现尾水循环利用或者达标排放。

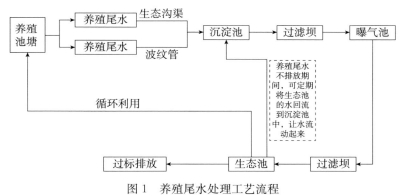

图 1　养殖尾水处理工艺流程

（三）关键技术参数

该技术采用沉淀池—过滤坝—曝气池—过滤坝—生态池的净化流程（图2）；尾水处理设施总面积通常为养殖总面积的 6%～10%；沉淀池、曝气池、过滤坝以及生态池建设关键技术参数见表1。

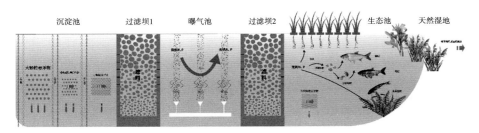

图2　养殖尾水处理流程图

表1　"三池两坝"建设关键技术参数

养殖品种	配比面积	各处理单元配比	过滤坝
黄颡鱼、加州鲈、乌鳢、泥鳅、龟鳖类等高污染品种	≥10%	沉淀池占总尾水处理面积的50%、曝气池占10%、生态池占40%	宽度≥2米，长度≥10米，一般建2条及以上
四大家鱼、淡水珍珠、翘嘴鲌、罗氏沼虾、凡纳滨对虾等中等污染程度的品种	≥8%	沉淀池占总尾水处理面积的40%、曝气池占10%、生态池占50%	宽度≥2米，长度≥8米，一般建2条
日本沼虾、克氏原螯虾、中华绒螯蟹、光唇鱼等低污染养殖品种	≥6%	沉淀池占总尾水处理面积的30%、曝气池占20%、生态池占50%	宽度≥1.5米，长度≥6米，可建1条

（四）处理单元参数设计

1. 配比面积

养殖尾水处理区域配比面积占整个养殖面积的 6%～10%，其中虾蟹类（如河蟹、青虾等）低污染品种不少于养殖水面面积的 6%，乌鳢或其他亩产1 500千克以上的高污染品种（如黄颡鱼、大口黑鲈、泥鳅、龟鳖等）应不少于养殖面积的 10%，其他中污染品种（如翘嘴鲌、凡纳滨对虾、罗氏沼虾等）应不少于 8%。

2. 生态沟渠

在建沉淀池之前要利用养殖场原有的沟渠构建尾水收集渠道，即生态沟渠（图3）。生态沟渠上端宽度不低于 3 米，深度 1 米以上，驳岸最好保持土质，不要硬化，驳岸两侧种植美人蕉等挺水植物，在浅水区内种植苦草、轮叶黑藻等沉水植物，深水区可放置大藻等漂浮植物，也可采用生态浮床种植景观植物或水生蔬菜。另外，生态沟渠内可适量放养螺蛳、河蚌等净水生物，但养殖四大家鱼及黄颡鱼品种的切勿放置河蚌，以免其产卵孵化的钩介幼虫寄生在鱼鳃上引发疾病。若条件达不到可下埋直径为 50 厘米及以上的波纹管为排水管道。

图 3　生态沟渠

3. 沉淀池

不同养殖品种，其沉淀池配比面积也不同。其中轻污染养殖品种沉淀池占总尾水处理面积的 30%，中污染养殖品种沉淀池占总尾水处理面积的 40%，而高污染养殖品种沉淀池占总尾水处理面积的 50%，沉淀池要求水深 2 米及以上。为了增加水体滞留时间，增强水体自净能力，沉淀池可以分成相通的 2~3 个区域。在靠近排水口水流垂直方向悬挂生物毛刷，从靠近排水口处开始悬挂，生物毛刷长度为 1.5 米左右。在沉淀池第一个分隔区两端分别平行固定若干个木桩，岸边木桩间隔 50 厘米，在木桩的顶部和底部分别固定 1 根尼龙绳，然后将生物毛刷垂直悬挂在尼龙绳上，每 5 厘米悬挂 1 束，生物毛刷悬挂面积占沉淀池 50% 左右（图 4）。生物毛刷悬挂处后端放置适量的生态浮床，一个生态浮床面积为 2~4 米^2，框架材料为 PVC 管，其内设置直径为 1 厘米的尼龙网载体，上面种植铜钱草、狐尾藻等耐低温水生植物。生态浮床应在靠近塘边的位置固定，以方便管理。

图 4　生物毛刷悬挂示意图

4. 过滤坝

不同养殖品种对过滤坝建设的要求存在较大差异。其中轻污染养殖品种过滤坝内径宽要求 1.5 米及以上，长度 6 米及以上，可建 1 条及以上；中污染养殖品种过滤坝内径宽要求 2.0 米及以上，长度 8 米及以上，建议建 2 条及以上；而高污染品种过滤坝内径宽要求 2.0 米及以上，长度 10 米及以上，建议建 2 条及以上。过滤坝底部采用水泥硬化，主体结构为空心砖堆砌，内部填料建议用多孔质轻的火山石、陶粒、珊瑚石等（图 5），由下而上填料的直径逐渐减小，一般 0～60 厘米层填料直径建议为 3～5 厘米，60～120 厘米层填料直径建议为 5～8 厘米，120 厘米以上层填料建议 8～10 厘米，为方便后期阻塞时清理，填料建议用尼龙网袋装好后填放，网袋网目在保证填料不漏出的前提下尽可能大。同时注意过滤材料装袋不可太满（六七成满即可），以便填放紧密。过滤坝建设位置一般要求在沉淀池与曝气池、曝气池与生态池间的隔水坝出水口一侧，出水口应分别设置在曝气池的对角线处。

图 5　过滤坝建设示意图

5. 曝气池

低污染养殖品种曝气池占总尾水处理面积的 20%，而中污染和高污染养殖品种曝气池占总尾水处理面积的 10%，在距池塘底部 30 厘米处铺设纳米曝气盘，每 2~3 米铺设 1 个，必要时曝气池池底须铺设土工膜防止底泥上泛，防止堵塞曝气孔。在岸边布设鼓风机，要求每亩配备功率不低于 2.5 千瓦（图 6）。

图 6　运行中的曝气池

6. 生态池

低、中污染养殖品种养殖尾水生态池占总尾水处理面积的 50%，而高污染养殖品种养殖尾水生态池占总尾水处理面积的 40%，生态池坡比应适当提高（最大可增至 1∶2.5），以便在岸边种植挺水植物和浅水区种植沉水植物。放养鲢、鳙、螺蛳、河蚌等净水生物，其中鲢、鳙放养密度均为 50 尾/亩，螺蛳、河蚌等 5 千克/亩，岸边种植菖蒲、鸢尾等挺水植物，浅水区种植马来眼子菜、苦草等沉水植物，深水区可以放置生态浮岛。生态浮岛是采用 PE 产品，由类似面包圈的浮体和分体的种植篮构成，一般面积为 6~10 米²，可放置多个，错位分布，各浮岛底部总面积占生态净化塘面积的 20% 左右，中间放置若干个喷水机以达到增氧景观示范效果（图 7）。

7. 管理维护

（1）管理机制

①管理人员责任制。建立镇、村、点三级联动网格化管理体系。每个尾水治理点必须配备尾水治理管理员，签订管护协议，明确管护责任，负责日常运

图 7　生态池

行和管理维护。明确一名村干部负责对治理点的日常监管。

②错峰排放治理制。根据不同品种的排放规律合理制定不同的排放制度，如青虾连片养殖在晒塘前集中排放易造成尾水洪峰，应由各行政村或青虾养殖专业合作社制订具体排水计划，养殖户签名承诺，实行有序错峰排放。

③考核奖惩问责制。严格执行考核奖惩与行政执法相结合的机制，全面考察镇域内治理点设施运行、日常管护、达标排放等落实情况。与"五水共治"考核挂钩，实现"月赛、季亮、年考"专项考核机制，强化亮牌问责。加强行政执法和水质检测，对尾水直排、偷排、漏排、超标排放等现象，按村规民约和相关法律法规实施处罚，倒逼治理点规范运行。

（2）维护要点

①生态沟渠。根据沟渠内的水生植物生长情况，定期收割并清理死亡植物，以促进水生植物的快速生长，并定期清淤，保证养殖尾水排放通畅。

②沉淀池。定期收割生态浮床上及岸边水生植物，每年在不排水时冲洗生物毛刷，一般每 2～3 年需要清淤 1 次。

③过滤坝。每 2～3 年对过滤填料进行冲洗，冲洗并晾晒 2 天后再填回过滤坝内，对尼龙网进行替换。

④曝气池。在养殖尾水不排放期间要定期（7～15 天）打开增氧设备，防止长时间未运行而堵塞曝气孔，另外发现有堵塞的曝气孔要及时清理或更换。

⑤生态池。定期收割水生植物并清理死亡植物,定期收获水生生物并投放新的苗种,加快氮磷物质循环。

⑥运行管理。养殖尾水排入沉淀池中超过 10 天时,可以将生态池中的水体通过水泵抽入沉淀池中,让整个水体流动起来,防止尾水设施内水体恶化,形成死水体。

(3)尾水监测

①定期监测。县、镇等行政机构应委托相关检测机构,定期(如每月 1 次)对各村尾水处理点出水口进行取样检测,若出现不达标情况,应及时检查尾水处理系统设施,及时进行检修维护,确保尾水达标排放。

②远程监控。对重点治理点(200 亩以上)和易对外直排的治理点应安装实时视频监控系统,由监控平台管理员全天候视频监管,进行实时智慧化管理,及时反馈治理出现的问题并督促整改。

③监测分析。请专业技术人员定期对监测数据进行汇总、分析、处理,掌握尾水处理情况,合理确定尾水处理能力,防止尾水处理系统超负荷运行。

三、适宜区域

全国集中连片养殖池塘区域。

四、注意事项

(1)沉淀池不能放养鱼类,以免影响沉淀效果,需加挂生物毛刷以加强吸附沉淀效果。

(2)曝气池安装底增氧设备进行增氧,曝气装置需离池底有一定高度(建议 30~40 厘米),防止堵塞,必要时在池底铺土工膜防止底泥上泛;生态池坡比提高(最大可增至 1:2.5),以便岸边种植挺水植物和浅水区种植沉水植物,以吸收水体中过量氮磷,同时放养鲢、鳙、河蚌、螺蛳等滤食性品种净化水质。

(3)如有条件可将荒地进行利用,如建设天然湿地,通过沼泽湿地净化水质,若建设人工湿地,前面处理环节面积可适当缩小,但要保证总面积配比和沉淀池储水能力。

(4)在实际建设中应灵活处理各种情况:若养殖小区水面面积较小(在

100 亩以下），应尽可能增大沉淀池比例，比例可增大至 50%，减少生态池面积，保证排水时沉淀池池水不溢出。拦水坝（墙）需视情况而设，拦水坝（墙）有两个作用，一是防止出现水流死角，二是增加水体滞留时间，增强净化效果。在防止出现水流死角方面，往往建设拦水坝（墙）；在增加流程方面，则需视情况而建拦水坝（墙），若沉淀池较小，则不需建设，若沉淀池较大（10 亩以上），可视情况建设 1～2 条拦水坝（墙）。另外，拦水坝（墙）在水面积较充裕时可用土堆，在水面积较紧张的情况下可采用木桩和土工膜或者有机玻璃塑料等材料建成。

连片池塘养殖尾水人工湿地生态处理技术

一、技术概述

淡水池塘养殖是我国水产养殖重要的生产方式。2022 年全国淡水池塘养殖面积 262 万公顷，产量 2 414 万吨，占淡水养殖总产量的 73.4%。当前我国渔业发展以资源节约、环境友好、产出高效、产品安全作为新的导向，淡水养殖池塘面临的环境污染和品质安全双重压力不断加大。目前，全国各地养殖水域滩涂规划已陆续颁布，在划定为养殖区、限养区内，建设养殖尾水处理系统、排放的尾水污染物达到国家或省级标准或者区域养殖用水循环使用标准是一项必要条件，也是以尾水治理推动渔业转型升级的重要途径之一。

根据不同养殖品种，按养殖面积 6%～10% 的比例设置尾水处理区，通过养殖区"新品种、新技术、新模式、新渔机"原位处理技术的应用，治理区"沉淀池、过滤坝、曝气池、生物净化池、洁水池"等异位处理设施的建设，以及养殖场绿化和景观等配套设施的完善，实现养殖尾水的生态化处理，达到循环利用或达标排放。该技术 2018 年开始在浙江省开展示范推广，目前已建立淡水池塘尾水治理示范点 8 000 余个；出台了全国首个《淡水池塘养殖尾水净化技术规范》省级地方标准，农业农村部专门赴浙江省拍摄"三池两坝"模式制成《水产养殖尾水治理教学片》，为国内开展淡水养殖尾水治理提供了"浙江模式"和"浙江经验"。

二、技术要点

（一）选址布局

1. 示范场点建设

地点应符合当地"养殖水域滩涂规划"布局要求。示范场点应位于重点交通道路两侧，交通便捷。规模治理场养殖区域面积原则上不低于 200 亩，集中治理点养殖区域面积原则上不低于 300 亩，养殖区域应集中连片。

2. 养殖尾水处理面积可根据不同养殖品种确定

（1）大宗淡水鱼、淡水虾类养殖池塘　尾水治理设施总面积不小于养殖总面积的 6%。

（2）乌鳢、加州鲈、黄颡鱼、翘嘴鲌以及龟鳖类养殖池塘　尾水治理设施总面积不小于养殖总面积的 10%。

（3）其他品种　尾水治理设施总面积约占养殖总面积的 8%。

3. 治理工艺流程

（1）尾水设施总面积占养殖总面积较大的，应建立"四池三坝"，处理工艺流程主要包括生态沟渠—沉淀池—过滤坝—曝气池—过滤坝—生物净化池—过滤坝—洁水池。

（2）养殖污染较少的品种，可采用"四池两坝"的治理模式，处理工艺流程主要包括生态沟渠—沉淀池—过滤坝—曝气池—生物净化池—过滤坝—洁水池；有条件的将洁水池连通人工湿地进行进一步净化。

4. 处理设施面积比例

为满足蓄水功能，沉淀池与洁水池面积应尽可能大，沉淀池、曝气池、生物净化池、洁水池的比例约为 45∶5∶10∶40。

（二）设施设备

1. 生态沟渠建设标准

改造养殖区域内原有的排水渠道或周边河沟，并进行加宽和挖深，宽度不小于 3 米，深度不小于 1.5 米，沟渠坡岸原则上不硬化，种植绿化植物，在沟渠内设置浮床，种植水生植物，利用生态沟渠对养殖尾水进行初步处理，最终汇集至沉淀池（已硬化的沟渠只需设置浮床，种植水生植物；无可利用沟渠时，用排水管道将养殖尾水汇集至沉淀池）。生态沟渠见图1。

图 1　生态沟渠

2. 沉淀池建设标准

沉淀池面积不小于尾水处理设施总面积的 45%，尽量挖深，在沉淀池内设置"之"字形挡水设施，增加水流流程，延长养殖尾水在沉淀池中停留时间，并在池中种植水生植物，以吸收利用水体中营养盐。沉淀池四周坡岸不硬化，坡上以草皮绿化或种植低矮树木（图 2）。

3. 曝气池建设标准

曝气池面积为尾水处理设施总面积的 5% 左右，曝气头设置密度至少每 3 米² 1 个，曝气头安装时应距离池底 30 厘米以上，罗茨风机功率配备不小于每 100 个曝气头 3 千瓦，罗茨风机须用不锈钢罩保护或安装在生产管理用房内。曝气池底部与四周坡岸应硬化或用水泥板护坡或铺设土工膜，以防止水体中悬浮物浓度过高堵塞曝气头（图 3）。应在曝气池中定期添加芽孢杆菌、光合细菌等微生物制剂，用以加速分解水体中有机物。

图 2　沉淀池

图 3　曝气池

4. 生物净化池建设标准

生物净化池面积占尾水处理设施总面积的 10% 左右，池内悬挂毛刷，密度不小于 6 000 根/亩，毛刷设置方向应与水流方向垂直，毛刷底部也须用聚乙烯绳或不锈钢丝固定，确保毛刷挺直，不随水流飘动。定期添加芽孢杆菌、光合细菌等微生物制剂，以加速分解水体中有机物。池塘四周坡岸不硬化，坡上以草皮绿化或种植低矮树木（图 4）。

5. 洁水池建设标准

洁水池面积应占尾水处理设施总面积的 40% 以上，池内种植伊乐藻、苦草、铜钱草、空心菜、狐尾藻、莲藕、荷花等水生植物，岸边四周种植美人蕉、菖蒲、鸢尾、再力花等植物，合理选择植物种类并进行搭配，保证四季均

图 4　生物净化池

有植物生长。水生植物种植面积应占洁水池水面的 30% 左右，同时应在池内放养鲢、鳙、河蚌、螺蛳等滤食性水生动物，进一步改善水质（图 5）。

图 5　洁水池

6. 过滤坝建设标准

用空心砖或钢架搭建过滤坝外部墙体，在坝体中填充大小不一的滤料，滤料可选择陶粒、火山石、细沙、碎石、棕片和活性炭等；坝宽不小于 2 米，坝长不小于 6 米，并以 200 亩养殖面积为起点，原则上每增加 100 亩养殖面积，坝长加 1 米；坝高应基本与塘埂持平，坝面中间应铺设板块或碎石，两端种植低矮景观植物；坝前应设置一道细网材质的挡网，高度与过滤坝持平，以拦截落叶等漂浮物（图 6）。过滤坝建设还应注重配套汛期泄洪设施。

7. 排水设施建设标准

所有排水设施应为渠道或硬管，不得使用软管，尽可能做到水体自流，因地势原因无法自流的，应建设提升泵站。通过泵站合理控制各处理池水位，确保各设施正常运行，处理效果良好。

图 6　过滤坝

8. 监控建设标准

在尾水处理设施的中央和排水口各安装一套可 360° 旋转的监控摄像头，进行远程监控。

9. 物联网技术应用

在曝气设备上安装智能曝气控制装置，做到定时开关曝气设备。

三、适宜区域

适宜全国各省份的淡水连片养殖池塘、规模化养殖场或渔业园区。

四、注意事项

（1）养殖池塘应具有一定规模且成连片布局，养殖场具有一定的水、电、通信条件。

（2）养殖区域内具有较好的组织管理结构，具有一定数量的技术人员。

（3）保持对水质的定期检测，加强对尾水治理设施的运行与维护。

水产养殖尾水治理
"两坝三区"资源化循环利用技术

一、技术概述

现阶段我国水产养殖普遍存在生态环境恶化、尾水直排、水资源紧张等问题，迫切需要推广资源节约、环境友好型的低碳渔业生产技术，有效破解水产养殖与环境保护之间的矛盾。水产养殖尾水治理"两坝三区"资源化循环利用技术是建立在已有的池塘基础上，通过对传统池塘进行工程化改造，利用溢流坝、过滤坝、固液分离区、曝气硝化区、生态净化区"两坝三区"，辅以养殖池塘原位净化技术，将养殖过程中产生的氮、磷等污染物作为水生蔬菜及其他水生经济作物的肥料，净化后的养殖尾水回流到水产养殖区，形成养殖—种植—回用的闭环，实现养殖尾水达标排放和资源化利用。此外，通过在养殖尾水异位治理区种植不同生态位的水生植物，放养滤食性鱼类、螺、贝等水生动物，构建多层级生物系统，降污增效，促进水产养殖业绿色可持续发展。

截至2023年底，水产养殖尾水治理"两坝三区"资源化循环利用技术在江苏、安徽、江西、内蒙古、湖北、湖南、广东、广西、山东、河南等省份共覆盖养殖面积达85万亩，近2万养殖户增收致富。通过应用水产养殖尾水治理"两坝三区"模式，取得了良好的社会、经济和生态效益，成为推动水产养殖业绿色高质量发展的有效技术。总氮和总磷去除率均在65%以上，污染物削减效果明显；池塘排水总氮、总磷、高锰酸盐指数符合《淡水池塘养殖水排放要求》（SC/T 9101—2007）一级标准值；水资源循环利用率在85%以上。

二、技术要点

该技术围绕提质增效、绿色发展、富裕渔民的渔业发展目标，坚持养殖污染"从生产中来，到生产中去"的治理原则，按照"内源减负—外排转化—循环利用"的治理思路，依托原位净化、异位治理、尾水循环三大技术（图1），实现养殖尾水达标排放或循环利用。

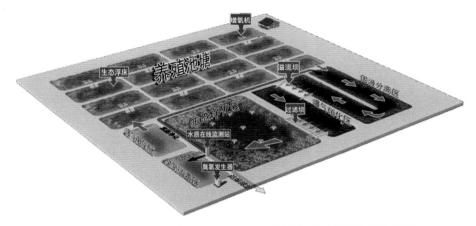

图1　水产养殖尾水治理"两坝三区"资源化循环利用技术流程图

（一）原位净化

原位净化主要应用生态浮床技术对养殖池塘进行水质调控，实现池塘养殖水的初步净化。

1. 养殖池塘及设施

养殖区域应集中连片，面积一般不低于200亩。养殖池塘长方形，长宽比以5∶3为宜，面积视养殖池塘功能而定，水深1.5～2.5米；养殖池塘底部平坦，无渗漏，保水性好。养殖池塘有独立的进、排水设施，进水渠为明渠或管道暗渠，排水渠为明渠；池塘进水口设置网目为60～80目的过滤网；排水采用抽插管方式进行底排，或根据养殖池塘面积配备水泵。根据养殖池塘面积配备增氧机或微孔增氧系统、自动投饵机等基本养殖设施。

2. 生态浮床的制作

生态浮床主要由框体、床体、基质和植物组成。使用PVC管和与之相套的弯头作为制作生物浮床的框架材料（亦可使用竹竿）；PVC管直径为50

毫米左右，PVC管质量根据需要自行选择。制作生物浮床的网有上层固定植物的粗网和下层保护植物根部的细网两种规格，材料为尼龙网等。粗网直径为2厘米左右，细网直径为2毫米左右。另准备粗细尼龙绳若干。生物浮床的形状为长方形或正方形，框架面积可根据需要制作，如2米²、4米²、6米²等。根据框架大小，上层网直接拉紧用尼龙绳固定在框架上；下层网根据框架大小用细尼龙绳先缝成网箱，深20厘米左右，四周用较粗的尼龙绳固定在框架上，便于当年用完后拆下洗净来年再用。

3. 水生植物的选择

选择适合在水中生长、根系发达的各种水生或陆生植物，如空心菜、美人蕉等。当以空心菜为水上农业浮床栽培作物时，适宜植株间距为30厘米×20厘米；每孔扦插植株（空心菜菜秧去叶，剪成10厘米左右且带一腋芽或顶芽的小段）3～5株，并保证每个植株有1～2厘米与水体接触。

4. 生态浮床的覆盖度

水上经济作物的适宜种植面积应根据经济作物种类和养殖鱼类种类而确定，如当以空心菜为水上栽培作物对罗非鱼养殖池塘进行环境调控时，以空心菜栽种面积占池塘面积的10%左右为宜。

（二）异位治理

"两坝三区"主要由固液分离区、曝气硝化区、生态净化区、溢流坝、过滤坝5个主要单元构成（图2）。在养殖尾水排放时，养殖尾水流经固液分离区—溢流坝—曝气硝化区—过滤坝—生态净化区，对养殖尾水中的污染物进行逐级净化。养殖尾水经过异位治理后，水质经检测符合《淡水池塘养殖水排放

图2　"两坝三区"水产养殖尾水治理区实景图

要求》（SC/T 9101—2007）的规定（或者符合当地养殖尾水排放相关标准），可达标排放，若不达标则重新回流至水处理区域进行二次净化。

1. 固液分离区

固液分离区（图3）由池体、挡水设施、进出水口三个部分组成，深度在2.0～2.5米，用于养殖尾水进行一定时间的停留和存储。在固液分离区，主要通过重力沉降作用促使悬浮在水体中的固体颗粒物下沉而与水体分离，可降低悬浮物、总氮、总磷、化学需氧量。区域内可设置"之"字形挡水设施，可种植荷花、伊乐藻等水生植物，四周坡岸不硬化。固液分离区的面积可占养殖尾水处理设施面积的40%左右。

图3 养殖尾水从固液分离区流经溢流坝进入曝气硝化区

2. 曝气硝化区

曝气硝化区（图4）由池体、微孔曝气设施、填料、进出水口四个部分组成，深度在2.0～2.5米。在底部铺设微孔曝气设施，配备相应功率的罗茨鼓风机，功率在1.0～3.0千瓦为宜。在曝气硝化区内，悬挂以不锈钢丝为芯材、PET毛为材质的生物刷。生物刷的悬挂密度约为12根/米^2，悬挂时生物刷从水面至池塘底部，方向与水面垂直，生物刷底部须系重物，从而确保生物刷挺直，不随水流漂动。定期添加EM菌、芽孢杆菌、光合细菌等有益微生物制剂，用于加速分解水体中的有机物。

在该区域，主要通过吸附作用、微生物降解转化过程等对养殖尾水进行治理。该区域悬挂的生物刷具有较高的比表面积，具有充氧性能好、启动挂膜快、脱膜更新容易、运行管理简单、耐腐蚀、不堵塞、不结团等优点，不仅可以直接吸附污染物，也可以为微生物提供附着生境。在微孔曝气设施高效增氧的条件下，生物刷上富集的好氧型微生物可以对有机质进行矿化，硝化微生物、硫化微生物也可以将氨氮、亚硝态氮、硫化物等危害性较大的污染物转化为危害性较小的物质。曝气硝化区的面积可占养殖尾水处理设施面积的10%左右。

图 4　曝气硝化区

3. 生态净化区

生态净化区（图 5）由池体、水生植物、水生动物、进出水口四个部分组成。通过种植不同种类水生植物和放养滤食性鱼类、螺、贝等水生动物，构建多营养级生物系统，基于食物网物质转化和能量传输的原理，逐渐将养殖尾水中的富营养物质同化为生物量，从水体中去除。

区域内可种植适当比例的挺水植物（芦苇、菖蒲、美人蕉等）、沉水植物（苦草、轮叶黑藻、伊乐藻等）、浮水植物（芡实、睡莲等）及漂浮植物（香菇草、水葫芦、菱角等），也可以采用浮床种植经济水生植物，水生植物的整体覆盖面积为 50%～60%，四周种植草皮或低矮树木进行绿化。同时应在池内放养鲢、鳙、河蚌、螺等滤食性水生动物，建议鲢放养密度为 100～200 尾/亩，鳙放养密度为 10～30 尾/亩，放养规格不低于 100 克/尾。生态净化区面积应占养殖尾水处理设施总面积的 50%左右。

4. 溢流坝

主体为一种顶部可过水的坝，一般由混凝土或浆砌石筑成，位于固液分离区与曝气硝化区之间。溢流坝的坝顶低于固液分离区水面 10～20 厘米，高于

图 5　养殖尾水流经过滤坝进入生态净化区

曝气硝化区水面 30～50 厘米，坝长 6 米左右，坝宽 2 米左右。养殖尾水经溢流坝进入曝气硝化区时，颗粒物将沉积在固液分离区。

5. 过滤坝

过滤坝的主体由外部框架和内部填充滤料组成，具有过滤拦截、生物降解、转化及吸收作用，位于曝气硝化区和生态净化区之间。过滤坝的坝宽 2 米左右，坝长 6 米左右，可根据水处理量适当增减，以保障适宜的透水量。过滤坝的顶部与曝气硝化区的堤顶一致。过滤坝中部填充砾石、陶粒、火山石、黏土等，由坝底至坝顶填充材料的顺序依次为大粒径填料、小粒径材料、土层，比例约为 2∶1∶1，以高度为 1.6 米的潜流坝为例，其中粒径为 5～8 厘米砾石厚度为 0.8 米，粒径为 1～3 厘米砾石厚度为 0.4 米，黏土厚 0.4 米。土层上可以种植景观植物。建设过滤坝时应设置汛期泄洪配套设施。养殖尾水经过滤坝进入生态净化区时，悬浮物、漂浮物被滞留在曝气硝化区。

（三）尾水循环

经过异位治理区域净化的养殖尾水，在进行循环利用前，需要进入臭氧消毒区进行消毒杀菌，去除养殖尾水中可能存在的致病菌，也可以进一步氧化养殖尾水中部分具有还原性的污染物。经过臭氧消毒的养殖尾水进入曝气复氧区，通过曝气去除多余的臭氧，同时提高水体中的溶解氧含量，最后养殖尾水回流至池塘进行循环利用。

1. 臭氧消毒区

臭氧消毒区是对养殖尾水进行杀菌消毒的水处理区域。在养殖尾水循环利用前，需要使用消毒措施对养殖尾水中可能存在的致病菌进行消杀，降低养殖过程中发生病害的风险。臭氧是一种高效消毒剂，具有极强的氧化性，在水中可短时间内自行分解，没有二次污染，是理想的绿色消毒剂。臭氧消毒区由池体、臭氧发生器、微孔曝气设施、进出水口四部分组成，通过微孔曝气设施将臭氧发生器产生的臭氧气体溶解在水体中，其中微孔曝气设施和相关管道应选用耐受臭氧的材料，微孔曝气设施的孔径越小越好。根据生产实际需要可以定期开启臭氧发生器，对养殖尾水进行消毒时，臭氧浓度应在 $0.08\sim 0.20$ 毫克/升。

2. 曝气复氧区

在臭氧消毒后，养殖尾水进入曝气复氧区，通过曝气消除多余的臭氧，同时可以提高溶解氧含量。曝气复氧区的主体为蓄水池，底部铺设微孔曝气设施，配备相应功率的罗茨鼓风机，功率为 $1.0\sim 3.0$ 千瓦。经过臭氧消毒的尾水需进入该区域进行曝气，消除多余的臭氧，提高溶解氧水平。

三、适宜区域

全国各地均可应用，特别适用于我国南方水生植物生长季节长的地区。

四、注意事项

回用的尾水必须进行消毒处理，经过臭氧消毒后的尾水再进入曝气复氧区消除多余的臭氧和提高溶氧含量，曝气到臭氧浓度低于 0.003 毫克/升方可回流到养殖池塘。

图书在版编目（CIP）数据

全国重点推广水产养殖技术 / 全国水产技术推广总站组编 . -- 北京：中国农业出版社，2025. 7. -- ISBN 978-7-109-33451-9

Ⅰ. S96

中国国家版本馆 CIP 数据核字第 2025ZW0389 号

全国重点推广水产养殖技术

QUANGUO ZHONGDIAN TUIGUANG SHUICHAN YANGZHI JISHU

中国农业出版社出版

地址：北京市朝阳区麦子店街 18 号楼

邮编：100125

责任编辑：王金环　蔺雅婷

版式设计：王　晨　责任校对：吴丽婷

印刷：北京印刷集团有限责任公司

版次：2025 年 7 月第 1 版

印次：2025 年 7 月北京第 1 次印刷

发行：新华书店北京发行所

开本：700mm×1000mm　1/16

印张：10

字数：163 千字

定价：68.00 元
